看范例快速识图系列

建筑结构工程快速识图

王林海　主编

中国铁道出版社

2012年·北京

内 容 提 要

本书分为七章:建筑结构工程识图基础、投影基础、房屋建筑施工图识读、房屋结构施工图识读、高层房屋施工图识读、构筑物施工图识读、钢结构施工图识读。

本书系统实用,简明扼要,重点突出,力求做到图文并茂,表述准确,具有较强的指导性和专业性。本书可供从事建筑工程施工的工程技术人员、管理人员使用,也可作为大专院校相关专业的辅导用书。

图书在版编目(CIP)数据

建筑结构工程快速识图/王林海主编. —北京:
中国铁道出版社,2012.7
(看范例快速识图系列)
ISBN 978-7-113-14626-9

Ⅰ.①建…　Ⅱ.①王…　Ⅲ.①建筑结构—建筑制图—
识别　Ⅳ.①TU204

中国版本图书馆 CIP 数据核字(2012)第 087941 号

书　　名:	看范例快速识图系列
	建筑结构工程快速识图
作　　者:	王林海

策划编辑:	江新锡　徐　艳
责任编辑:	曹艳芳　陈小刚　　**电话**:010—51873193
助理编辑:	张荣君
封面设计:	郑春鹏
责任校对:	张玉华
责任印制:	郭向伟

出版发行:	中国铁道出版社(100054,北京市西城区右安门西街 8 号)
网　　址:	http://www.tdpress.com
印　　刷:	航远印刷有限公司
版　　次:	2012 年 7 月第 1 版　2012 年 7 月第 1 次印刷
开　　本:	787 mm×1 092 mm　1/16　印张:15.5　字数:390 千
书　　号:	ISBN 978-7-113-14626-9
定　　价:	38.00 元

前　言

随着施工技术的不断发展,除了在看懂施工图方面对施工技术人员的要求越来越高;同样今后将采用平面法设计的施工图,对施工技术人员的技术要求也将越来越高。由于建筑物的千姿百态,建筑工程的千变万化,所以在本书中我们提供的看图实例总是有限的,但能起到帮助掌握看懂施工图纸的基本知识和具体方法的作用,给读者以初步入门的指引。

建筑工程施工图是工程设计人员科学表达建筑形体、结构、功能的图语言。如何正确理解设计意图,实现设计目的,把设计蓝图变成实际建筑,前提就在于实施者必须看懂施工图。这是对建筑施工技术人员、工程监理人员和工程管理人员的最基本要求,也是他们应该掌握的基本技能。

随着国家经济建设的发展,建筑工程的规模也日益扩大。对于刚参加工程建筑施工的人员,对房屋的基本构造不熟悉,还不能看懂建筑施工的图纸。为此迫切希望能够看懂建筑施工的图纸,学会这门技术,为实施工程施工创造良好的条件。

建筑工程图是建筑工程施工的依据。本书的目的,一是培养读者的空间想象能力;二是培养读者依照国家标准,正确绘制和阅读建筑工程图的基本能力。因此,本书理论性和实践性都较强。

本丛书按照住房和城乡建设部最新颁布的《房屋建筑制图统一标准》(GB/T 50001—2010)、《总图制图标准》(GB/T 50103—2010)、《建筑制图标准》(GB/T 50104—2010)、《建筑结构制图标准》(GB/T 50105—2010)、《建筑给水排水制图标准》(GB/T 50106—2010)、《暖通空调制图标准》(GB/T 50114—2010)等相关国家标准。主要作为有关建筑工程技术人员参照新的制图标准学习怎样识读和绘制建筑施工现场工程图的自学参考书,还可作为高等院校本、专科土建类各专业、工程管理专业以及其他相近专业的参考教材。

本丛书在编写过程中,既融入了编者多年的工作经验,又采用了许多近年完成的有代表性的工程施工图实例。本丛书注重工程实践,侧重实际工程图的识读。为便于读者结合实际,并系统掌握相关知识,在附录中还附有全套近年工程设计图样,这套图样包括建筑施工图、结构施工图和设备施工图等相关图样。

本丛书共分为四本分册:

(1)《建筑结构工程快速识图》;

(2)《建筑给水排水工程快速识图》;

(3)《建筑电气工程快速识图》;

(4)《建筑设备工程快速识图》。

丛书特点:

在介绍识图基础知识的前提下,加入施工图实例,力求做到通过实例的讲解,快速地读懂施工图,达到快速识图的目的。

参加本丛书的编写人员有王林海、孙培祥、栾海明、孙占红、宋迎迎、张正南、武旭日、张学宏、孙欢欢、王双敏、王文慧、彭美丽、李仲杰、李芳芳、乔芳芳、张凌、岳永铭、蔡丹丹、许兴云、张亚等。

由于编写水平有限,书中的缺点在所难免,希望同行和读者给予指正。

编　者
2012 年 4 月

目 录

第一章　建筑结构工程识图基础

第一节　建筑结构工程识图标准

一、图线

(1)图线的宽度 b 应根据图样的复杂程度和比例,按现行国家标准《房屋建筑制图统一标准》(GB/T 50001—2010)中图线的有关规定选用。

(2)总图制图应根据图纸功能,按表 1-1 规定的线型选用。

表 1-1　图　线

名 称		线 型	线 宽	用 途
实线	粗		b	(1)新建建筑物±0.000 高度可见轮廓线; (2)新建铁路、管线
	中		0.7b 0.5b	(1)新建构筑物、道路、桥涵、边坡、围墙、运输设施的可见轮廓线; (2)原有标准轨距铁路
	细		0.25b	(1)新建建筑物±0.000 高度以上的可见建筑物、构筑物轮廓线; (2)原有建筑物、构筑物,原有窄轨、铁路、道路、桥涵、围墙的可见轮廓线; (3)新建人行道、排水沟、坐标线、尺寸线、等高线
虚线	粗		b	新建建筑物、构筑物地下轮廓线
	中		0.5b	计划预留扩建的建筑物、构筑物、铁路、道路、运输设施、管线、建筑红线及预留用地各线
	细		0.25b	原有建筑物、构筑物、管线的地下轮廓线
单点长画线	粗		b	露天矿开采界限
	中		0.5b	土方填挖区的零点线
	细		0.25b	分水线、中心线、对称线、定位轴线
双点长画线	粗		b	用地红线
	中		0.7b	地下开采区塌落界限
	细		0.5b	建筑红线
折断线			0.5b	断线

名　称	线　型	线　宽	用　途
不规则曲线	〜	0.5b	新建人工水体轮廓线

注:根据各类图纸所表示的不同重点确定使用不同的粗、细线型。

二、比例

(1)总图制图采用的比例宜符合表 1-2 的规定。

表 1-2　比　例

图　名	比　例
现状图	1:500、1:1 000、1:2 000
地理交通位置图	1:25 000～1:200 000
总体规划、总体布置、区域位置图	1:2 000、1:5 000、1:10 000、1:25 000、1:50 000
总平面图,竖向布置图,管线综合图,土方图,铁路、道路平面图	1:300、1:500、1:1 000、1:2 000
场地园林景观总平面图、场地园林景观竖向布置图、种植总平面图	1:300、1:500、1:1 000
铁路、道路纵断面图	垂直:1:100、1:200、1:500 水平:1:1 000、1:2 000、1:5 000
铁路、道路横断面图	1:20、1:50、1:100、1:200
场地断面图	1:100、1:200、1:500、1:1 000
详图	1:1、1:2、1:5、1:10、1:20、1:50、1:100、1:200

(2)一个图样宜选用一种比例,铁路、道路、土方等的纵断面图,可在水平方向和垂直方向选用不同比例。

比例简介

比例是指图纸上图形与实物相应的线性尺寸之比,比例有放大或缩小之分,建筑工程专业的工程图主要采用缩小的比例,比例用阿拉伯数字表示。比如 1:20、1:100 等,1:100 表示图纸上一个线性长度单位,代表实际长度为 100 个单位。

比例宜书写在图名的右方,字体应比图名小一号或两号,如下图所示,图名下的横线与图名文字间隔不宜大于 1 mm,其长度应以所写文字所占长度为准。

<u>　总平面图　</u>　1:500

图名和比例写法

当一张图纸中的各图所用比例均相同时,可将比例注写在标题栏内。比例的选用详见各专业施工图的介绍。

三、计量单位

（1）总图中的坐标、标高、距离以米为单位。坐标以小数点标注三位，不足以"0"补齐；标高、距离以小数点后两位数标注，不足以"0"补齐。详图可以 mm 为单位。

（2）建筑物、构筑物、铁路、道路方位角（或方向角）和铁路、道路转向角的度数，宜注写到"秒"，特殊情况应另加说明。

（3）铁路纵坡度宜以千分计，道路纵坡度、场地平整坡度、排水沟沟底纵坡度宜以百分计，并应取小数点后一位，不足时以"0"补齐。

四、坐标标注

（1）总图应按上北下南方向绘制。根据场地形状或布局，可向左或右偏转，但不宜超过45°。总图中应绘制指北针或风玫瑰图，如图 1-1 所示。

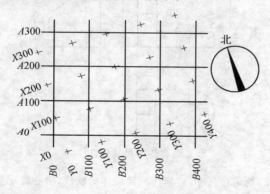

图 1-1　坐标网格

注：图中 X 为南北方向轴线，X 的增量在 X 轴上；Y
为东西方向轴线，Y 的增量在 Y 轴上。A 轴相当
于测量坐标网中的 X 轴，B 轴相当于测量坐标网中
的 Y 轴。

（2）坐标网格应以细实线表示。测量坐标网应画成交叉十字线，坐标代号宜用"X、Y"表示；建筑坐标网应画成网格通线，自设坐标代号宜用"A、B"表示，如图 1-1 所示。坐标值为负数时，应注"－"号；为正数时，"＋"号可以省略。

（3）总平面图上有测量和建筑两种坐标系统时，应在附注中注明两种坐标系统的换算公式。

（4）表示建筑物、构筑物位置的坐标应根据设计不同阶段要求标注，当建筑物与构筑物与坐标轴线平行时，可标注其对角坐标。与坐标轴线成角度或建筑平面复杂时，宜标注三个以上坐标，坐标宜标注在图纸上。根据工程具体情况，建筑物、构筑物也可用相对尺寸定位。

（5）在一张图上，主要建筑物、构筑物用坐标定位时，根据工程具体情况也可用相对尺寸定位。

（6）建筑物、构筑物、铁路、道路、管线等应标注下列部位的坐标或定位尺寸：

1）建筑物、构筑物的外墙轴线交点；

2)圆形建筑物、构筑物的中心；

3)皮带走廊的中线或其交点；

4)铁路道岔的理论中心，铁路、道路的中线或转折点；

5)管线(包括管沟、管架或管桥)的中线交叉点和转折点；

6)挡土墙起始点、转折点、墙顶外侧边缘(结构面)。

定位尺寸简介

表示组合体中各基本几何体之间相对位置的尺寸，称为定位尺寸，用来确定各基本几何体的相对位置。

如下图所示的平面图中，表示圆柱孔和半圆柱体中心位置的尺寸 30、侧立面图中切去的三棱柱到竖板左侧轮廓线尺寸 15 和到底板面的尺寸 10 等都是定位尺寸。

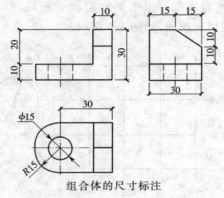

组合体的尺寸标注

凡是回转体(如圆柱、孔)的定位尺寸，应标注到回旋体的轴线(中心线)上，不能标注到圆孔的边缘。如上图所示的平面图，圆柱孔的定位尺寸 30 是标注到中心线的。

五、标高注法

(1)建筑物应以接近地面处的 ±0.00 标高的平面作为总平面。字符平行于建筑长边书写。

(2)总图中标注的标高应为绝对标高，如标注相对标高，则应注明相对标高与绝对标高的换算关系。

(3)建筑物、构筑物、铁路、道路、水池等应按下列规定标注有关部位的标高：

1)建筑物标注室内 ±0.00 处的绝对标高在一栋建筑物内宜标注一个 ±0.00 标高，当有不同地坪标高以相对 ±0.00 的数值标注；

2)建筑物室外散水，标注建筑物四周转角或两对角的散水坡脚处标高；

3)构筑物标注其有代表性的标高，并用文字注明标高所指的位置；

4)铁路标注轨顶标高；

5)道路标注路面中心线交点及变坡点标高；

6)挡土墙标注墙顶和墙趾标高，路堤、边坡标注坡顶和坡脚标高，排水沟标注沟顶和沟底标高；

7)场地平整标注其控制位置标高，铺砌场地标注其铺砌面标高。

（4）标高符号应按现行国家标准《房屋建筑制图统一标准》（GB/T 50001—2010）的有关规定进行标注。

六、名称和编号

（1）总图上的建筑物、构筑物应注写名称，名称宜直接标注在图上。当图样比例小或图面无足够位置时，也可编号列表标注在图内。当图形过小时，可标注在图形外侧附近处。

（2）总图上的铁路线路、铁路道岔、铁路及道路曲线转折点等，应进行编号。

（3）铁路线路编号应符合下列规定。

1）车站站线宜由站房向外顺序编号，正线宜用罗马字表示，站线宜用阿拉伯数字表示；

2）厂内铁路按图面布置有次序地排列，用阿拉伯数字编号；

3）露天采矿场铁路按开采顺序编号，干线用罗马字表示，支线用阿拉伯数字表示。

（4）铁路道岔编号应符合下列规定。

1）道岔用阿拉伯数字编号；

2）车站道岔宜由站外向站内顺序编号，一端为奇数，另一端为偶数；当编里程时，里程来向端宜为奇数，里程去向端宜为偶数；不编里程时，左端宜为奇数，右端宜为偶数。

（5）道路编号应符合下列规定。

1）厂矿道路宜用阿拉伯数字，外加圆圈顺序编号；

2）引道宜用上述数字后加—1、—2编号。

（6）厂矿铁路、道路的曲线转折点，应用代号JD后加阿拉伯数字顺序编号。

（7）一个工程中，整套总图图纸所注写的场地、建筑物、构筑物、铁路、道路等的名称应统一，各设计阶段的上述名称和编号应一致。

总尺寸简介

表示组合体的总长、总宽和总高的尺寸，称为总尺寸。如下图所示的组合体的总宽、总高尺寸均为30，它的总长尺寸应为长方体的长度尺寸30和半圆柱体的半径尺寸15之和，但由于一般尺寸不应标注到圆柱的外形素线处，故本图中的总长尺寸不必另行标注。

当基本几何体的定形尺寸与组合体总尺寸的数字相同时，两者的尺寸合二为一，因而不必重复标注，如下图所示的总宽尺寸30。

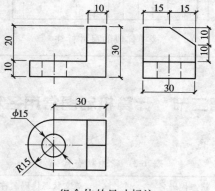

组合体的尺寸标注

下图为钢屋架支座节点的尺寸标注,读者可运用形体分析来区分其定形、定位和总尺寸。

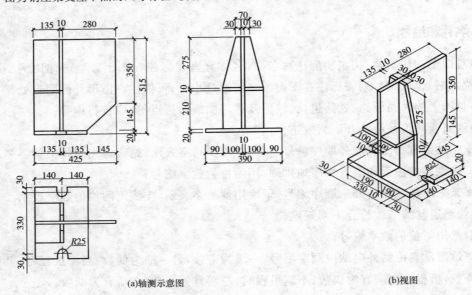

(a)轴测示意图　　　　　　　　　　　　(b)视图

钢屋架支座节点的尺寸标注

下图所示为楼梯梯段的尺寸标注。在平面图中,由于最上一级踏步的踏面与平台面重合,因此在画平面图时须注意梯段的踏面格数要比该梯段的踏步级数少一。踏步尺寸的习惯注法如 8×150=1200 等,是踏步定形尺寸与踏步总高尺寸合二为一的注法,给读图带来了方便。立面图中梯段斜板的厚度尺寸是垂直于斜面的,如图中的 100。此外,梯段斜底面两端部产生的交线(平面图中的虚线)由作图确定,故在视图中不必标注定位尺寸。

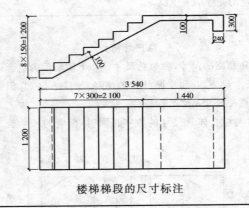

楼梯梯段的尺寸标注

第二节　计算机制图常用名称

(1)常用状态代码见表 1-3。

表 1-3　常用状态代码

工程性质或阶段	状态代码名称	英文状态代码名称	备注
新建	新建	N	—

续上表

工程性质或阶段	状态代码名称	英文状态代码名称	备注
保留	保留	E	—
拆除	拆除	D	—
拟建	拟建	F	—
临时	临时	T	—
搬迁	搬迁	M	—
改建	改建	R	—
合同外	合同外	X	—
阶段编号	—	1~9	—
可行性研究	可研	S	阶段名称
方案设计	方案	C	阶段名称
初步设计	初设	P	阶段名称
施工图设计	施工图	W	阶段名称

(2)常用总图专业图层名称见表1-4。

表 1-4　常用总图专业图层名称

图层	中文名称	英文名称	备注
总平面图	总图—平面	G—SITE	—
红线	总图—平面—红线	G—SITE—REDL	建筑红线
外墙线	总图—平面—墙线	G—SITE—WALL	—
建筑物轮廓线	总图—平面—建筑	G—SITE—BOTL	—
构筑物	总图—平面—构筑	G—SITE—STRC	—
总平面标注	总图—平面—标注	G—SITE—IDEN	总平面图尺寸标注及文字标注
总平面文字	总图—平面—文字	G—SITE—TEXT	总平面图说明文字
总平面坐标	总图—平面—坐标	G—SITE—CODT	—
交通	总图—交通	G—DRIV	—
道路中线	总图—交通—中线	G—DRIV—CNTR	—
道路竖向	总图—交通—竖向	G—DRIV—GRAD	—
交通流线	总图—交通—流线	G—DRIV—FLWL	—
交通详图	总图—交通—详图	G—DRIV—DTEL	交通道路详图
停车场	总图—交通—停车场	G—DRIV—PRKC	—
交通标注	总图—交通—标注	G—DRIV—IDEN	交通道路尺寸标注及文字标注

图层	中文名称	英文名称	备注
交通文字	总图—交通—文字	G—DRIV—TEXT	交通道路说明文字
交通坐标	总图—交通—坐标	G—DRIV—CODT	—
景观	总图—景观	G—LSCP	园林绿化
景观标注	总图—景观—标注	G—LSCP—IDEN	园林绿化标注及文字标注
景观文字	总图—景观—文字	G—LSCP—TEXT	园林绿化说明文字
景观坐标	总图—景观—坐标	G—LSCP—CODT	—
管线	总图—管线	G—PIPE	—
给水管线	总图—管线—给水	G—PIPE—DOMW	给水管线说明文字、尺寸标注及文字、坐标标注
排水管线	总图—管线—排水	G—PIPE—SANR	排水管线说明文字、尺寸标注及文字、坐标标注
供热管线	总图—管线—供热	G—PIPE—HOTW	供热管线说明文字、尺寸标注及文字、坐标标注
燃气管线	总图—管线—燃气	G—PIPE—GASS	燃气管线说明文字、尺寸标注及文字、坐标标注
电力管线	总图—管线—电力	G—PIPE—POWR	电力管线说明文字、尺寸标注及文字、坐标标注
通讯管线	总图—管线—通讯	G—PIPE—TCOM	通讯管线说明文字、尺寸标注及文字、坐标标注
注释	总图—注释	G—ANNO	—
图框	总图—注释—图框	G—ANNO—TTLB	图框及图框文字
图例	总图—注释—图例	G—ANNO—LEGN	图例与符号
尺寸标注	总图—注释—尺寸	G—ANNO—DIMS	尺寸标注及文字标注
文字说明	总图—注释—文字	G—ANNO—TEXT	总图专业文字说明
等高线	总图—注释—等高线	G—ANNO—CNTR	道路等高线、地形等高线

续上表

图层	中文名称	英文名称	备注
背景	总图—注释—背景	G—ANNO——BGRD	—
填充	总图—注释—填充	G—ANNO—PATT	图案填充
指北针	总图—注释—指北针	G—ANNO—NARW	—

(3)常用建筑专业图层名称见表 1-5。

表 1-5　常用建筑专业图层名称

图层	中文名称	英文名称	备注
轴线	建筑—轴线	A—AXIS	—
轴网	建筑—轴线—轴网	A—AXIS—GRID	平面轴网、中心线
轴线标注	建筑—轴线—标注	A—AXIS—DIMS	轴线尺寸标注及 文字标注
轴线编号	建筑—轴线—编号	A—AXIS—TEXT	—
墙	建筑—墙	A—WALL	墙轮廓线,通常指 混凝土墙
砖墙	建筑—墙—砖墙	A—WALL—MSNW	—
轻质隔墙	建筑—墙—隔墙	A—WALL—PRTN	—
玻璃幕墙	建筑—墙—幕墙	A—WALL—GLAZ	—
矮墙	建筑—墙—矮墙	A—WALL—PRHT	半截墙
单线墙	建筑—墙—单线	A—WALL—CNTR	—
墙填充	建筑—墙—填充	A—WALL—PATT	—
墙保温层	建筑—墙—保温	A—WALL—HPRT	内、外墙保温完成线
柱	建筑—柱	A—COLS	柱轮廓线
柱填充	建筑—柱—填充	A—COLS—PATT	—
门窗	建筑—门窗	A—DRWD	门、窗
门窗编号	建筑—门窗—编号	A—DRWD—IDEN	门、窗编号
楼面	建筑—楼面	A—FLOR	楼面边界及标高 变化处
地面	建筑—楼面—地面	A—FLOR—GRND	地面边界及标高 变化处、室外台阶、 散水轮廓

图层	中文名称	英文名称	备注
屋面	建筑—楼面—屋面	A—FLOR—ROOF	屋面边界及标高变化处、排水坡脊或坡谷线、坡向箭头及数字、排水口
阳台	建筑—楼面—阳台	A—FLOR—BALC	阳台边界线
楼梯	建筑—楼面—楼梯	A—FLOR—STRS	楼梯踏步、自动扶梯
电梯	建筑—楼面—电梯	A—FLOR—EVTR	电梯间
卫生洁具	建筑—楼面—洁具	A—FLOR—SPCL	卫生洁具投影线
房间名称、编号	建筑—楼面—房间	A—FLOR—IDEN	—
栏杆	建筑—楼面—栏杆	A—FLOR—HRAL	楼梯扶手、阳台防护栏
停车库	建筑—停车场	A—PRKG	—
停车道	建筑—停车场—道牙	A—PRKG—CURB	停车场道牙、车行方向、转弯半径
停车位	建筑—停车场—车位	A—PRKG—SIGN	停车位标线、编号及标识
区域	建筑—区域	A—AREA	—
区域边界	建筑—区域—边界	A—AREA—OTLN	区域边界及标高变化处
区域标注	建筑—区域—标注	A—AREA—TEXT	面积标注
家具	建筑—家具	A—FURN	—
固定家具	建筑—家具—固定	A—FURN—FIXD	固定家具投影线
活动家具	建筑—家具—活动	A—FURN—MOVE	活动家具投影线
吊顶	建筑—吊顶	A—CLNG	—
吊顶网格	建筑—吊顶—网格	A—CLNG—GRID	吊顶网格线、主龙骨
吊顶图案	建筑—吊顶—图案	A—CLNG—PATT	吊顶图案线
吊顶构件	建筑—吊顶—构件	A—CLNG—SUSP	吊顶构件,吊顶上的灯具、风口
立面	建筑—立面	A—ELEV	—
立面线1	建筑—立面—线一	A—ELEV—LIN1	
立面线2	建筑—立面—线二	A—ELEV—LIN2	
立面线3	建筑—立面—线三	A—ELEV—LIN3	—

图层	中文名称	英文名称	备注
立面线4	建筑—立面—线四	A—ELEV—LIN4	—
立面填充	建筑—立面—填充	A—ELEV—PATT	—
剖面	建筑—剖面	A—SECT	—
剖面线1	建筑—剖面—线一	A—SECT—LIN1	—
剖面线2	建筑—剖面—线二	A—SECT—LIN2	—
剖面线3	建筑—剖面—线三	A—SECT—LIN3	—
剖面线4	建筑—剖面—线四	A—SECT—LIN4	—
详图	建筑—详图	A—DETL	—
详图线1	建筑—详图—线一	A—DETL—LIN1	—
详图线2	建筑—详图—线二	A—DETL—LIN2	—
详图线3	建筑—详图—线三	A—DETL—LIN3	—
详图线4	建筑—详图—线四	A—DETL—LIN4	—
三维	建筑—三维	A—3DMS	—
三维线1	建筑—三维—线一	A—3DMS—LIN1	—
三维线2	建筑—三维—线二	A—3DMS—LIN2	—
三维线3	建筑—三维—线三	A—3DMS—LIN3	—
三维线4	建筑—三维—线四	A—3DMS—LIN4	—
注释	建筑—注释	A—NNO	—
图框	建筑—注释—图框	A—ANNO—TTLB	图框及图框文字
图例	建筑—注释—图例	A—ANNO—LEGN	图例与符号
尺寸标注	建筑—注释—标注	A—ANNO—DIMS	尺寸标注及文字标注
文字说明	建筑—注释—文字	A—ANNO—TEXT	建筑专业文字说明
公共标注	建筑—注释—公共	A—ANNO—IDEN	—
标高标注	建筑—注释—标高	A—ANNO—ELVT	标高符号及文字标注
索引符号	建筑—注释—索引	A—ANNO—CRSR	—
引出标注	建筑—注释—引出	A—ANNO—DRVT	—
表格	建筑—注释—表格	A—ANNO—TABL	—
填充	建筑—注释—填充	A—ANNO—PATT	图案填充
指北针	建筑—注释—指北针	A—ANNO—NARW	—

(4)常用结构专业图层名称见表1-6。

表1-6　常用结构专业图层名称

图层	中文名称	英文名称	备注
轴线	结构—轴线	S—AXIS	—
轴网	结构—轴线—轴网	S—AXIS—GRID	平面轴网、中心线
轴线标注	结构—轴线—标注	S—AXIS—DIMS	轴线尺寸标注及文字标注
轴线编号	结构—轴线—编号	S—AXIS—TEXT	—
柱	结构—柱	S—COLS	—
柱平面实线	结构—柱—平面—实线	S—COLS—PLAN—LINE	柱平面图（实线）
柱平面虚线	结构—柱—平面—虚线	S—COLS—PLAN—DASH	柱平面图（虚线）
柱平面钢筋	结构—柱—平面—钢筋	S—COLS—PLAN—RBAR	柱平面图钢筋标注
柱平面尺寸	结构—柱—平面—尺寸	S—COLS—PLAN—DIMS	柱平面图尺寸标注及文字标注
柱平面填充	结构—柱—平面—填充	S—COLS—PLAN—PATT	
柱编号	结构—柱—平面—编号	S—COLS—PLAN—IDEN	
柱详图实线	结构—柱—详图—实线	S—COLS—DETL—LINE	
柱详图虚线	结构—柱—详图—虚线	S—COLS—DETL—DASH	
柱详图钢筋	结构—柱—详图—钢筋	S—COLS—DETL—RBAR	
柱详图尺寸	结构—柱—详图—尺寸	S—COLS—DETL—DIMS	
柱详图填充	结构—柱—详图—填充	S—COLS—DETL—PATT	
柱表	结构—柱—表	S—COLS—TABL	
柱楼层标高表	结构—柱—表—层高	S—COLS—TABL—ELVT	—
构造柱平面实线	结构—柱—构造—实线	S—COLS—CNTJ—LINE	构造柱平面图（实线）
构造柱平面虚线	结构—柱—构造—虚线	S—COLS—CNTJ—DASH	构造柱平面图（虚线）
墙	结构—墙	S—WALL	—
墙平面实线	结构—墙—平面—实线	S—WALL—PLAN—LINE	通常指混凝土墙，墙平面图（实线）
墙平面虚线	结构—墙—平面—虚线	S—WALL—PLAN—DASH	墙平面图（虚线）
墙平面钢筋	结构—墙—平面—钢筋	S—WALL—PLAN—RBAR	墙平面图钢筋标注
墙平面尺寸	结构—墙—平面—尺寸	S—WALL—PLAN—DIMS	墙平面图尺寸标注及文字标注
墙平面填充	结构—墙—平面—填充	S—WALL—PLAN—PATT	—
墙编号	结构—墙—平面—编号	S—WALL—PLAN—IDEN	—

图层	中文名称	英文名称	备注
墙详图实线	结构—墙—详图—实线	S—WALL—DETL—LINE	—
墙详图虚线	结构—墙—详图—虚线	S—WALL—DETL—DASH	—
墙详图钢筋	结构—墙—详图—钢筋	S—WALL—DETL—RBAR	—
墙详图尺寸	结构—墙—详图—尺寸	S—WALL—DETL—DIMS	—
墙详图填充	结构—墙—详图—填充	S—WALL—DETL—PATT	—
墙表	结构—墙—表	S—WALL—TABL	—
墙柱平面实线	结构—墙柱—平面—实线	S—WALL—COLS—LINE	墙柱平面图（实线）
墙柱平面钢筋	结构—墙柱—平面—钢筋	S—WALL—COLS—RBAR	墙柱平面图钢筋标注
墙柱平面尺寸	结构—墙柱—平面—尺寸	S—WALL—COLS—DIMS	墙柱平面图尺寸标注及文字标注
墙柱平面填充	结构—墙柱—平面—填充	S—WALL—COLS—PATT	—
墙柱编号	结构—墙柱—平面—编号	S—WALL—COLS—IDEN	—
墙柱表	结构—墙柱—表	S—WALL—COLS—TABL	
墙柱楼层标高表	结构—墙柱—表—层高	S—WALL—COLS—ELVT	
连梁平面实线	结构—连梁—平面—实线	S—WALL—BEAM—LINE	连梁平面图（实线）
连梁平面虚线	结构—连梁—平面—虚线	S—WALL—BEAM—DASH	连梁平面图（虚线）
连梁平面钢筋	结构—连梁—平面—钢筋	S—WALL—BEAM—RBAR	连梁平面图钢筋标注
连梁平面尺寸	结构—连梁—平面—尺寸	S—WALL—BEAM—DIMS	连梁平面图尺寸标注及文字标注
连梁编号	结构—连梁—平面—编号	S—WALL—BEAM—IDEN	—
连梁表	结构—连梁—表	S—WALL—BEAM—TABL	—
连梁楼层标高表	结构—连梁—表—层高	S—WALL—BEAM—ELVT	
砌体墙平面实线	结构—墙—砌体—实线	S—WALL—MSNW—LINE	砌体墙平面图（实线）
砌体墙平面虚线	结构—墙—砌体—虚线	S—WALL—MSNW—DASH	砌体墙平面图（虚线）

图层	中文名称	英文名称	备注
砌体墙平面尺寸	结构—墙—砌体—尺寸	S—WALL—MSNW—DIMS	砌体墙平面图尺寸标注及文字标注
砌体墙平面填充	结构—墙—砌体—填充	S—WALL—MSNW—PATT	—
梁	结构—梁	S—BEAM	
梁平面实线	结构—梁—平面—实线	S—BEAM—PLAN—LINE	梁平面图（实线）
梁平面虚线	结构—梁—平面—虚线	S—BEAM—LAN—DASH	梁平面图（虚线）
梁平面水平钢筋	结构—梁—钢筋—水平	S—BEAM—RBAR—HCPT	梁平面图水平钢筋标注
梁平面垂直钢筋	结构—梁—钢筋—垂直	S—BEAM—RBAR—VCPT	梁平面图垂直钢筋标注
梁平面附加吊筋	结构—梁—吊筋—附加	S—BEAM—RBAR—ADDU	梁平面图附加吊筋钢筋标注
梁平面附加箍筋	结构—梁—箍筋—附加	S—BEAM—RBAR—ADDO	梁平面图附加箍筋钢筋标注
梁平面尺寸	结构—梁—平面—尺寸	S—BEAM—PLAN—DIMS	梁平面图尺寸标注及文字标注
梁编号	结构—梁—平面—编号	S—BEAM—PLAN—IDEN	—
梁详图实线	结构—梁—详图—实线	S—BEAM—DETL—LINE	—
梁详图虚线	结构—梁—详图—虚线	S—BEAM—DETL—DASH	—
梁详图钢筋	结构—梁—详图—钢筋	S—BEAM—DETL—RBAR	—
梁详图尺寸	结构—梁—详图—尺寸	S—BEAM—DETL—DIMS	—
梁楼层标高表	结构—梁—表—层高	S—BEAM—TABL—ELVT	—

续上表

图层	中文名称	英文名称	备注
过梁平面实线	结构—过梁—平面—实线	S—LTEL—PLAN—LINE	过梁平面图（实线）
过梁平面虚线	结构—过梁—平面—虚线	S—LTEL—PLAN—DASH	过梁平面图（虚线）
过梁平面钢筋	结构—过梁—平面—钢筋	S—LTEL—PLAN—RBAR	过梁平面图钢筋标注
过梁平面尺寸	结构—过梁—平面—尺寸	S—LTELM—PLAN—DIMS	过梁平面图尺寸标注及文字标注
楼板	结构—楼板	S—SLAB	—
楼板平面实线	结构—楼板—平面—实线	S—SLAB—PLAN—LINE	楼板平面图（实线）
楼板平面虚线	结构—楼板—平面—虚线	S—SLAB—PLAN—DASH	楼板平面图（虚线）
楼板平面下部钢筋	结构—楼板—正筋	S—SLAB—BBAR	楼板平面图下部钢筋（正筋）
楼板平面下部钢筋标注	结构—楼板—正筋—标注	S—SLAB—BBAR—IDEN	楼板平面图下部钢筋（正筋）标注
楼板平面下部钢筋尺寸	结构—楼板—正筋—尺寸	S—SLAB—BBAR—DIMS	楼板平面图下部钢筋（正筋）尺寸标注及文字标注
楼板平面上部钢筋	结构—楼板—负筋	S—SLAB—TBAR	楼板平面图上部钢筋（负筋）
楼板平面上部钢筋标注	结构—楼板—负筋—标注	S—SLAB—TBAR—IDEN	楼板平面图上部钢筋（负筋）标注
楼板平面上部钢筋尺寸	结构—楼板—负筋—尺寸	S—SLAB—TBAR—DIMS	楼板平面图上部钢筋（负筋）尺寸标注及文字标注
楼板平面填充	结构—楼板—平面—填充	S—SLAB—PLAN—PATT	—
楼板详图实线	结构—楼板—详图—实线	S—SLAB—DETL—LINE	—

图层	中文名称	英文名称	备注
楼板详图钢筋	结构—楼板—详图—钢筋	S—SLAB—DETL—RBAR	—
楼板详图钢筋标注	结构—楼板—详图—标注	S—SLAB—DETL—IDEN	—
楼板详图尺寸	结构—楼板—详图—尺寸	S—SLAB—DETL—DIMS	—
楼板编号	结构—楼板—平面—编号	S—SLAB—PLAN—IDEN	—
楼板楼层标高表	结构—楼板—表—层高	S—SLAB—TABL—ELVT	—
预制板	结构—楼板—预制	S—SLAB—PCST	—
洞口	结构—洞口	S—OPNG	—
洞口楼板实线	结构—洞口—平面—实线	S—OPNG—PLAN—LINE	楼板平面洞口（实线）
洞口楼板虚线	结构—洞口—平面—虚线	S—OPNG—PLAN—DASH	楼板平面洞口（虚线）
洞口楼板加强钢筋	结构—洞口—平面—钢筋	S—OPNG—PLAN—RBAR	楼板平面洞边加强钢筋
洞口楼板钢筋标注	结构—洞口—平面—标注	S—OPNG—RBAR—IDEN	楼板平面洞边加强钢筋标注
洞口楼板尺寸	结构—洞口—平面—尺寸	S—OPNG—PLAN—DIMS	楼板平面洞口尺寸标注及文字标注
洞口楼板编号	结构—洞口—平面—编号	S—OPNG—PLAN—IDEN	—
洞口墙上实线	结构—洞口—墙—实线	S—OPNG—WALL—LINE	墙上洞口（实线）
桩	结构—桩	S—PILE	—
桩平面实线	结构—桩—平面—实线	S—PILE—PLAN—LINE	桩平面图（实线）
桩平面虚线	结构—桩—平面—虚线	S—PILE—PLAN—DASH	桩平面图（虚线）

图层	中文名称	英文名称	备注
桩编号	结构—桩—平面—编号	S—PILE—PLAN—IDEN	—
桩详图	结构—桩—详图	S—PILE—DETL	—
楼梯	结构—楼梯	S—STRS	—
楼梯平面实线	结构—楼梯—平面—实线	S—STRS—PLAN—LINE	楼梯平面图（实线）
楼梯平面虚线	结构—楼梯—平面—虚线	S—STRS—PLAN—DASH	楼梯平面图（虚线）
楼梯平面钢筋	结构—楼梯—平面—钢筋	S—STRS—PLAN—RBAR	楼梯平面图钢筋
楼梯平面标注	结构—楼梯—平面—标注	S—STRS—RBAR—IDEN	楼梯平面图钢筋标注及其他标注
楼梯平面尺寸	结构—楼梯—平面—尺寸	S—STRS—PLAN—DIMS	楼梯平面图尺寸标注及文字标注
楼梯详图实线	结构—楼梯—详图—实线	S—STRS—DETL—LINE	—
楼梯详图虚线	结构—楼梯—详图—虚线	S—STRS—DETL—DASH	—
楼梯详图钢筋	结构—楼梯—详图—钢筋	S—STRS—DETL—RBAR	—
楼梯详图标注	结构—楼梯—详图—标注	S—STRS—DETL—IDEN	—
楼梯详图尺寸	结构—楼梯—详图—尺寸	S—STRS—DETL—DIMS	—
楼梯详图填充	结构—楼梯—详图—填充	S—STRS—DETL—PATT	—
钢结构	结构—钢	S—STEL	—
钢结构辅助线	结构—钢—辅助	S—STEL—ASIS	—
斜支撑	结构—钢—斜撑	S—STEL—BRGX	—
型钢实线	结构—型钢—实线	S—STEL—SHAP—LINE	—
型钢标注	结构—型钢—标注	S—STEL—SHAP—IDEN	—

续上表

图层	中文名称	英文名称	备注
型钢尺寸	结构—型钢—尺寸	S—STEL—SHAP—DIMS	—
型钢填充	结构—型钢—填充	S—STEL—SHAP—PATT	
钢板实线	结构—钢板—实线	S—STEL—PLAT—LINE	
钢板标注	结构—钢板—标注	S—STEL—PLAT—IDEN	
钢板尺寸	结构—钢板—尺寸	S—STEL—PLAT—DIMS	—
钢板填充	结构—钢板—填充	S—STEL—PLAT—PATT	
螺栓	结构—螺栓	S—ABLT	—
螺栓实线	结构—螺栓—实线	S—ABLT—LINE	
螺栓标注	结构—螺栓—标注	S—ABLT—IDEN	
螺栓尺寸	结构—螺栓—尺寸	S—ABLT—DIMS	
螺栓填充	结构—螺栓—填充	S—ABLT—PATT	
焊缝	结构—焊缝	S—WELD	—
焊缝实线	结构—焊缝—实线	S—WELD—LINE	
焊缝标注	结构—焊缝—标注	S—WELD—IDEN	
焊缝尺寸	结构—焊缝—尺寸	S—WELD—DIMS	
预埋件	结构—预埋件	S—BURY	
预埋件实线	结构—预埋件—实线	S—BURY—LINE	
预埋件虚线	结构—预埋件—虚线	S—BURY—DASH	
预埋件钢筋	结构—预埋件—钢筋	S—BURY—RBAR	
预埋件标注	结构—预埋件—标注	S—BURY—IDEN	
预埋件尺寸	结构—预埋件—尺寸	S—BURY—DIMS	
注释	结构—注释	S—ANNO	—
图框	结构—注释—图框	S—ANNO—TTLB	图框及图框文字
尺寸标注	结构—注释—标注	S—ANNO—DIMS	尺寸标注及文字标注
文字说明	结构—注释—文字	S—ANNO—TEXT	结构专业文字说明
公共标注	结构—注释—公共	S—ANNO—IDEN	—

续上表

图层	中文名称	英文名称	备注
标高标注	结构—注释—标高	S—ANNO—ELVT	标高符号及文字标注
索引符号	结构—注释—索引	S—ANNO—CRSR	—
引出标注	结构—注释—引出	S—ANNO—DRVT	—
表格线	结构—注释—表格—线	S—ANNO—TSBL—LINE	
表格文字	结构—注释—表格—文字	S—ANNO—TSBL—TEXT	
表格钢筋	结构—注释—表格—钢筋	S—ANNO—TSBL—RBSR	
填充	结构—注释—填充	S—ANNO—PSTT	图案填充
指北针	结构—注释—指北针	S—ANNO—NSRW	—

第三节　钢结构的表示方法

一、常用钢结构的标注方法

常用型钢的标注方法应符合表1-7中的规定。

表1-7　常用型钢的标注方法

名　称	截　面	标　注	说　明
等边角钢	∟	$\llcorner b \times t$	b 为肢宽； t 为肢厚
不等边角钢	$B\ \llcorner$	$\llcorner B \times b \times t$	B 为长肢宽； b 为短肢宽； t 为肢厚
工字钢	I	$\text{I}\,N \quad Q\,\text{I}\,N$	轻型工字钢加注"Q"字
槽钢	[	$\llcorner N \quad Q \llcorner N$	轻型槽钢加注"Q"字
方钢	▨ b	$\square\, b$	—
扁钢	b	$- b \times t$	—
钢板	▬	$\dfrac{-b \times t}{L}$	宽×厚 板长
圆钢	⊘	ϕd	—

名　称	截　面	标　注	说　明
钢管	○	$\phi b \times t$	d 为外径； t 为壁厚
薄壁方钢管	□	$B\square b \times t$	
薄壁等肢角钢	∟	$B\llcorner b \times t$	
薄壁等肢 卷边角钢		$B\llcorner b \times a \times t$	薄壁型钢加注"B"字， t 为壁厚
薄壁槽钢		$B[\, h \times b \times t$	
薄壁卷边槽钢		$B[\, h \times b \times a \times t$	
薄壁卷边 Z 型钢		$B\,h \times b \times a \times t$	
T 型钢	T	TW×× TM×× TN××	TW 为宽翼缘 T 型钢； TM 为中翼缘 T 型钢； TN 为窄翼缘 T 型钢
H 型钢	H	HW×× HM×× HN××	HW 为宽翼缘 H 型钢； HM 为中翼缘 H 型钢； HN 为窄翼缘 H 型钢
起重机钢轨		$\perp$QU××	详细说明产品规格型号
轻轨及钢轨		$\perp$××kg/m 钢轨	

二、螺栓、孔、电焊铆钉的表示方法

螺栓、孔、电焊铆钉的表示方法应符合表 1-8 中的规定。

表 1-8　螺栓、孔、电焊铆钉的表示方法

名　称	图　例	说　明
永久螺栓		
高强螺栓		
安装螺栓		(1)细"+"线表示定位线。
膨胀螺栓		(2)M 表示螺栓型号。 (3)ϕ 表示螺栓孔直径。 (4)d 表示膨胀螺栓、电焊铆钉直径。
圆形螺栓孔		(5)采用引出线标注螺栓时,横线上标注螺栓规格,横线下标注螺栓孔直径
长圆形螺栓孔		
电焊铆钉		

三、常用焊缝的表示方法

(1)焊接钢构件的焊缝除应按现行的国家标准《焊缝符号表示法》(GB/T 324—2008)有关规定执行外,还应符合本节的各项规定。

(2)单面焊缝的标注方法应符合下列规定。

1)当箭头指向焊缝所在的一面时,应将图形符号和尺寸标注在横线的上方,如图 1-2(a)所示;当箭头指向焊缝所在另一面(相对应的那面)时,应将图形符号和尺寸标注在横线的下方,如图 1-2(b)所示。

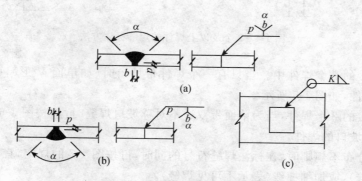

图 1-2　单面焊缝的标注方法

2)表示环绕工作件周围的焊缝时,应按图 1-2(c)的规定执行,其围焊焊缝符号为圆圈,绘在引出线的转折处,并标注焊角尺寸 K。

(3)双面焊缝的标注,应在横线的上、下都标注符号和尺寸。上方表示箭头一面的符号和尺寸,下方表示另一面的符号和尺寸,如图 1-3(a)所示;当两面的焊缝尺寸相同时,只需在横线上方标注焊缝的符号和尺寸,如图 1-3(b)、(c)、(d)所示。

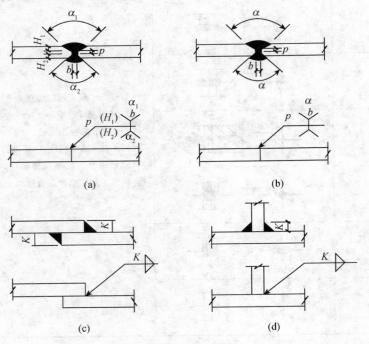

图 1-3　双面焊缝的标注方法

(4)3 个和 3 个以上的焊件相互焊接的焊缝,不得作为双面焊缝标注。其焊缝符号和尺寸应分别标注,如图 1-4 所示。

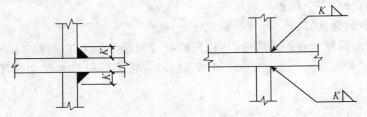

图 1-4　3 个及以上焊件的焊缝标注方法

(5)相互焊接的 2 个焊件中。当只有一个焊件带坡口时(如单面 V 形),引出线箭头必须指向带坡口的焊件,如图 1-5 所示。

(6)相互焊接的 2 个焊件,当为单面带双边不对称坡口焊缝时,应按图 1-6 的规定,引出线箭头应指向较大坡口的焊件。

(7)当焊缝分布不规则时,在标注焊缝符号的同时,可按图 1-7 的规定,宜在焊缝处加中实线(表示可见焊缝),或加细栅线(表示不可见焊缝)。

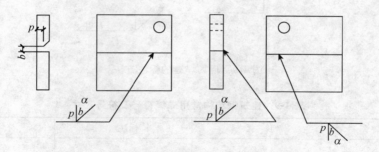

图 1-5 一个焊件带坡口的焊缝标注方法

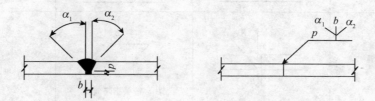

图 1-6 不对称坡口焊缝的标注方法

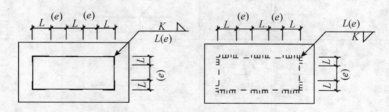

图 1-7 不规则焊缝的标注方法

(8)相同焊缝符号应按下列方法表示。

1)在同一图形上,当焊缝形式、断面尺寸和辅助要求均相同时,应按图1-8(a)的规定,可只选择一处标注焊缝的符号和尺寸,并加注"相同焊缝符号",相同焊缝符号为 3/4 圆弧,绘在引出线的转折处。

2)在同一图形上,当有数种相同的焊缝时,宜按图 1-8(b)的规定,可将焊缝分类编号标注。在同一类焊缝中可选择一处标注焊缝符号和尺寸。分类编号采用大写的拉丁字母 A、B、C。

图 1-8 相同焊缝的标注方法

(9)需要在施工现场进行焊接的焊件焊缝,应按图 1-9 的规定标注"现场焊缝"符号。现场焊缝符号为涂黑的三角形旗号,绘在引出线的转折处。

(10)当需要标注的焊缝能够用文字表述清楚时,也可采用文字表达的方式。

(11)建筑钢结构常用焊缝符号及符号尺寸应符合表 1-9 的规定。

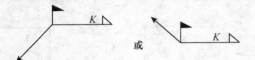

或

图 1-9　现场焊缝的标注方法

表 1-9　建筑钢结构常用焊缝符号及符号尺寸

焊缝名称	形 式	标注法	符号尺寸(mm)
V 形焊缝	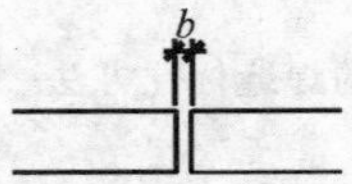	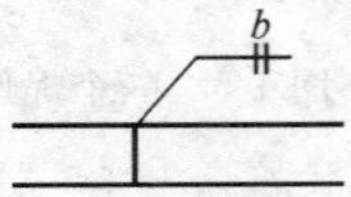	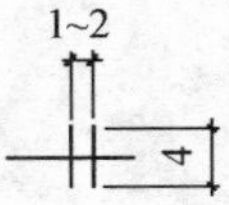 1~2 / 4
单边 V 形焊缝	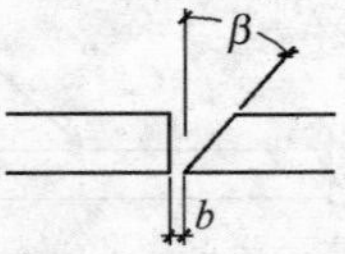	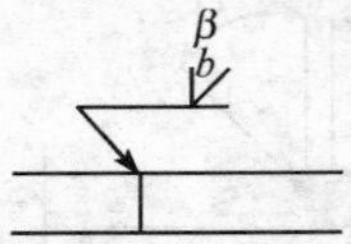 注：箭头指向剖口	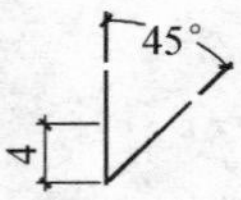 45° / 4
带钝边单边 V 形焊缝	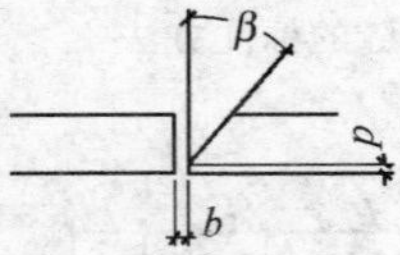	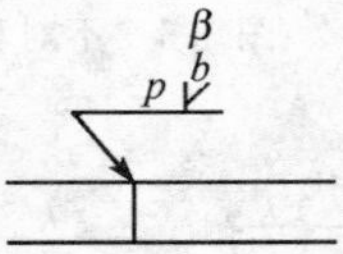	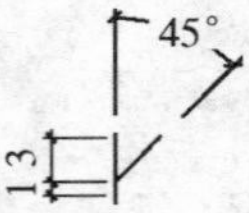 45° / 13
带垫板带钝边单边 V 形焊缝	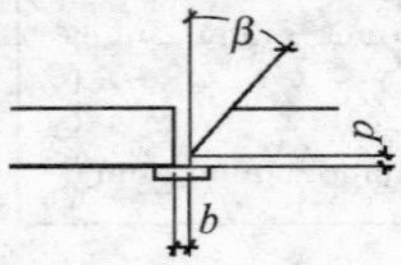	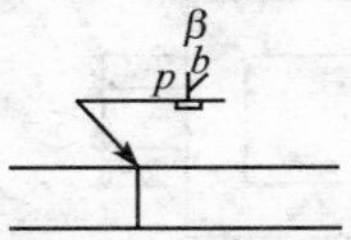 注：箭头指向剖口	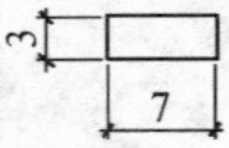 3 / 7
带垫板 V 形焊缝	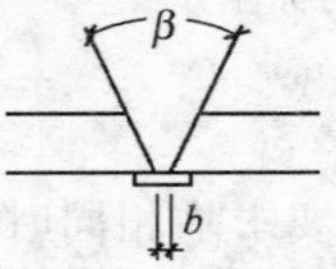	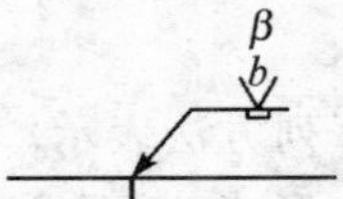	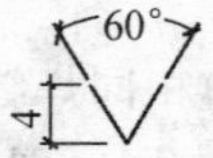 60° / 4
Y 形焊缝	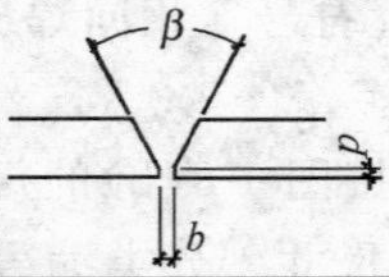	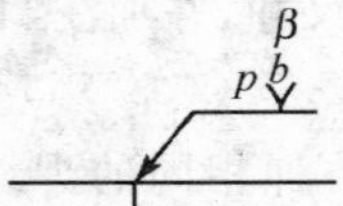	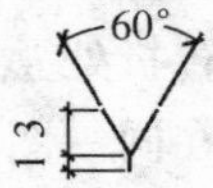 60° / 13
带垫板 Y 形焊缝	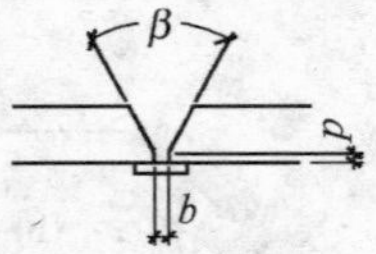	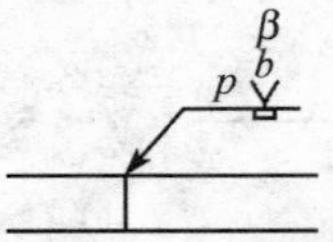	—
双单边 V 形焊缝	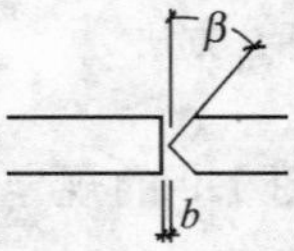	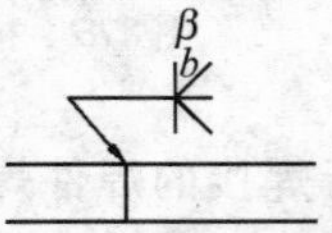	—
双 V 形焊缝	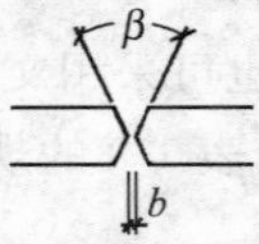	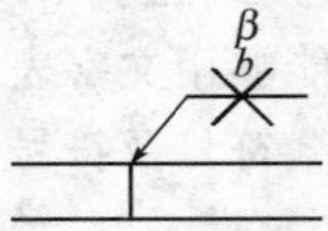	

焊缝名称	形　式	标注法	符号尺寸(mm)
带钝边U形焊缝	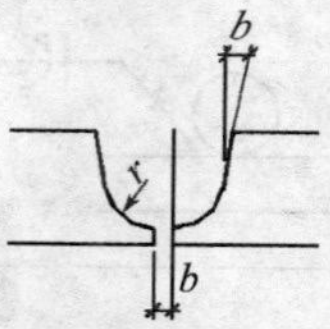	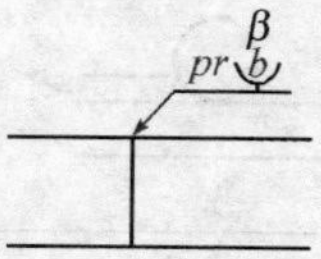	
带钝边双U形焊缝	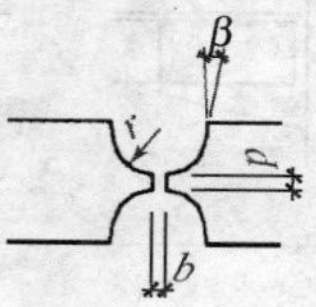	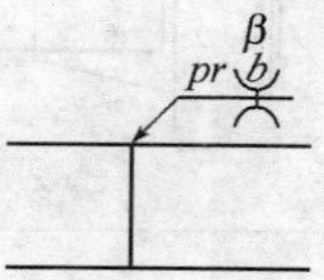	—
带钝边J形焊缝	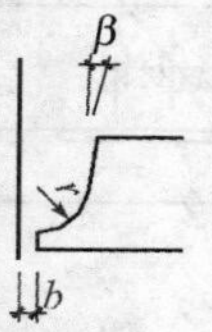	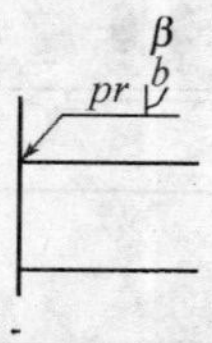	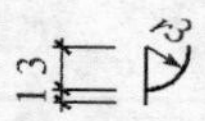
带钝边双J形焊缝		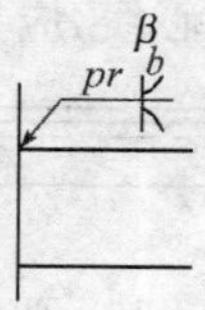	—
角焊缝	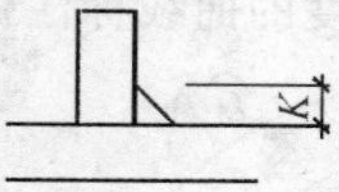	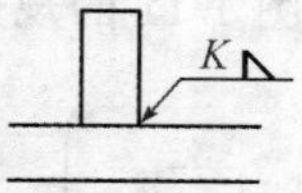	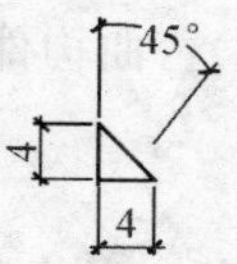
双面角焊缝	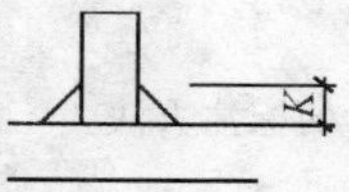	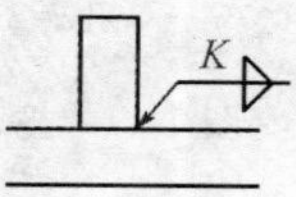	—
剖口角焊缝	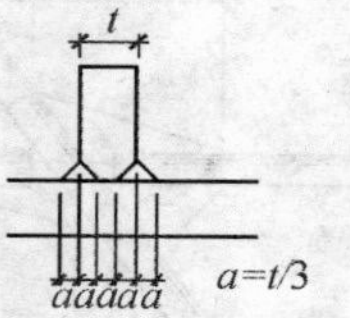	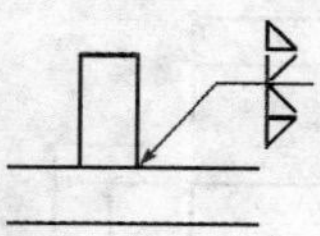	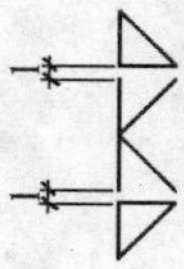
喇叭形焊缝	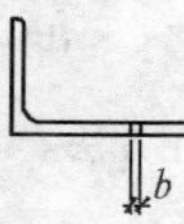	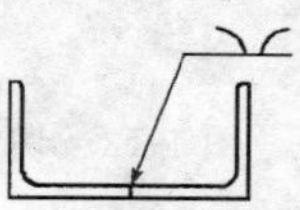	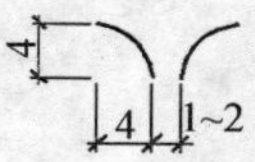

焊缝名称	形　式	标注法	符号尺寸(mm)
双面半 喇叭形 焊缝	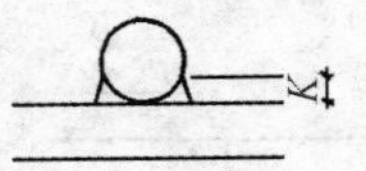	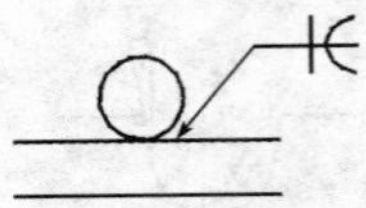	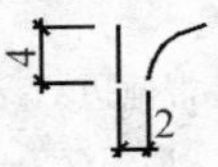
塞焊	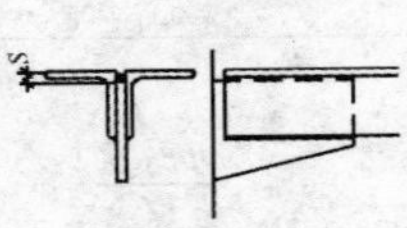	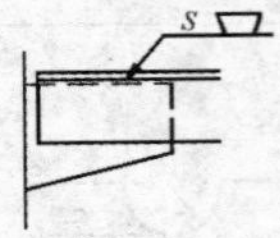	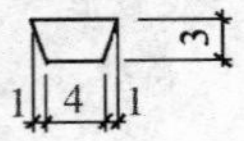
	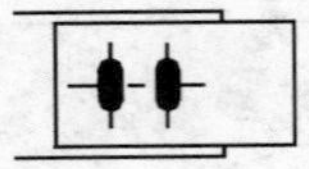	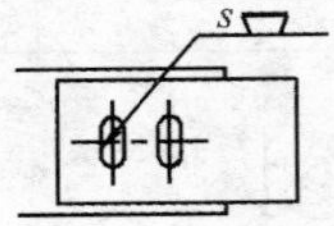	

四、尺寸标注

(1)两构件的两条很近的重心线,应按图 1-10 的规定在交汇处将其各自向外错开。

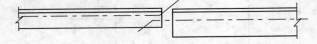

图 1-10　两构件重心不重合的表示方法

(2)弯曲构件的尺寸应按图 1-11 的规定沿其弧度的曲线标注弧的轴线长度。

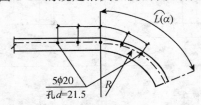

图 1-11　弯曲构件尺寸的标注方法

(3)切割的板材,应按图 1-12 的规定标注各线段的长度及位置。

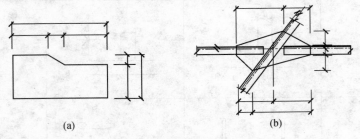

　　　　(a)　　　　　　　　　　　　　　(b)

图 1-12　切割板材尺寸的标注方法

（4）不等边角钢的构件，应按图 1-13 的规定标注出角钢一肢的尺寸。

（5）节点尺寸，应按图 1-13、图 1-14 的规定，注明节点板的尺寸和各杆件螺栓孔中心或中心距，以及杆件端部至几何中心线交点的距离。

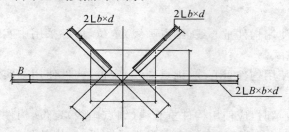

图 1-13　节点尺寸及不等边角钢的标注方法

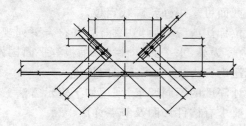

图 1-14　节点尺寸的标注方法

（6）双型钢组合截面的构件，应按图 1-15 的规定注明缀板的数量及尺寸。引出横线上方标注缀板的数量及缀板的宽度、厚度，引出横线下方标注缀板的长度尺寸。

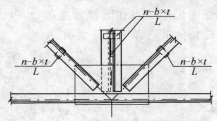

图 1-15　缀板的标注方法

（7）非焊接的节点板，应按图 1-16 的规定注明节点板的尺寸和螺栓孔中心与几何中心线交点的距离。

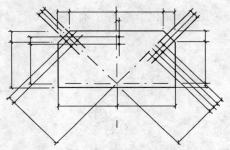

图 1-16　非焊接节点板尺寸的标注方法

五、钢结构制图的一般要求

(1)钢结构布置图可采用单线表示法、复线表示法及单线加短构件表示法,并符合下列规定。

1)单线表示时,应使用构件重心线(细点画线)定位,构件采用中实线表示;非对称截面应在图中注明截面摆放方式。

2)复线表示时,应使用构件重心线(细点画线)定位,构件使用细实线表示构件外轮廓,细虚线表示腹板或肢板。

3)单线加短构件表示时,应使用构件重心线(细点画线)定位,构件采用中实线表示;短构件使用细实线表示构件外轮廓,细虚线表示腹板或肢板;短构件长度一般为构件实际长度的 $1/3 \sim 1/2$。

4)为方便表示,非对称截面可采用外轮廓线定位。

(2)构件断面可采用原位标注或编号后集中标注,并符合下列规定。

1)平面图中主要标注内容为梁、水平支撑、栏杆、铺板等平面构件。

2)剖、立面图中主要标注内容为柱、支撑等竖向构件。

(3)构件连接应根据设计深度的不同要求,采用如下表示方法。

1)制造图的表示方法,要求有构件详图及节点详图。

2)索引图加节点详图的表示方法。

3)标准图集的方法。

六、复杂节点详图的分解索引

(1)从结构平面图或立面图引出的节点详图较为复杂时,可按图 1-17(b)的规定,将图 1-17(a)的复杂节点分解成多个简化的节点详图进行索引。

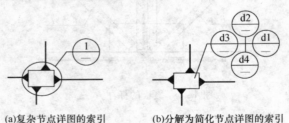

(a)复杂节点详图的索引　　　(b)分解为简化节点详图的索引

图 1-17　节点详图较复杂的索引

(2)由复杂节点详图分解的多个简化节点详图有部分或全部相同时,可按图 1-18 的规定简化标注索引。

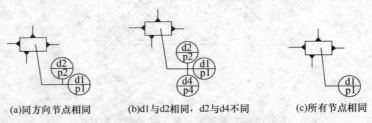

(a)同方向节点相同　　　(b)d1与d2相同,d2与d4不同　　　(c)所有节点相同

图 1-18　节点详图分解索引的简化标注

第四节　混凝土结构的表示方法

一、钢筋的一般表示方法

（1）普通钢筋的一般表示方法应符合表 1-10 的规定。预应力钢筋的表示方法应符合表 1-11的规定。钢筋网片的表示方法应符合表 1-12 的规定。钢筋的焊接接头的表示方法应符合表 1-13 的规定。

表 1-10　普通钢筋

名　称	图　例	说　明
钢筋横断面	·	—
无弯钩的钢端部	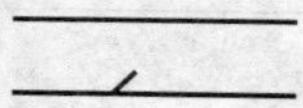	下图表示长、短钢筋投影重叠时,短钢筋的端部用 45°斜画线表示
带半圆形弯钩的钢筋端部		
带直钩的钢筋端部		
带直钩的钢筋端部		
无弯钩的钢筋搭接		
带半圆弯钩的钢筋搭接		—
带直钩的钢筋搭接		—
花篮螺丝钢筋接头	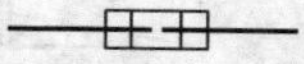	—
机械连接的钢筋接头		用文字说明机械连接的方式(如冷挤压或直螺纹等)

表 1-11　预应力钢筋

名　称	图　例
预应力钢筋或钢绞线	—— · — · — · ——

名　称	图　例
后张法预应力钢筋断面 无黏结预应力钢筋断面	
预应力钢筋断面	
张拉端锚具	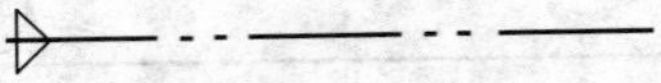
固定端锚具	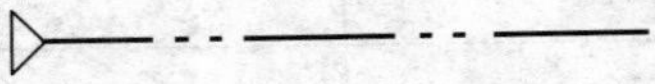
锚具的端视图	
可动连接件	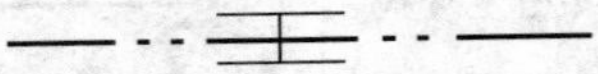
固定连接件	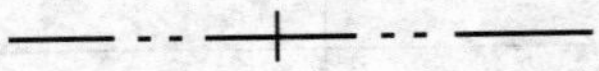

表 1-12　钢筋网片

名　称	图　例
一片钢筋网平面图	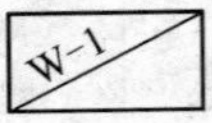
一行相同的钢筋网平面图	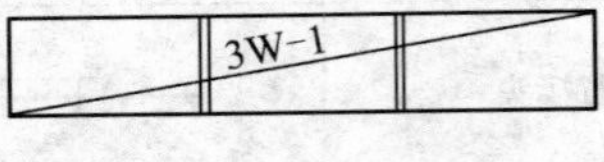

注:用文字注明焊接网或绑扎网片。

表 1-13　钢筋的焊接接头

名　称	接头形式	标注方法
单面焊接的钢筋接头	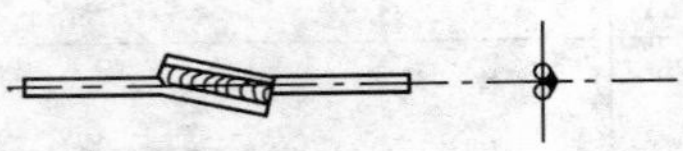	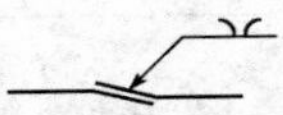

名　称	接头形式	标注方法
双面焊接的钢筋接头		
用帮条单面焊接的钢筋接头		
用帮条双面焊接的钢筋接头		
接触对焊的钢筋接头（闪光焊、压力焊）		
坡口平焊的钢筋接头	60° *b*	60° *b*
坡口立焊的钢筋接头	*b* 45°	45° *b*
用角钢或扁钢做连接板焊接的钢筋接头		
钢筋或螺（锚）栓与钢板穿孔塞焊的接头		

(2)钢筋的画法应符合表 1-14 的规定。

表 1-14　钢筋的画法

说　明	图　例
在结构楼板中配置双层钢筋时,底层钢筋的弯钩应向上或向左,顶层钢筋的弯钩则向下或向右	(底层)　　(顶层)

说　明	图　例
钢筋混凝土墙体配双层钢筋时,在配筋立面图中,远面钢筋的弯钩应向上或向左,而近面钢筋的弯钩向下或向右(JM 近面,YM 远面)	
若在断面图中不能表达清楚的钢筋布置,应在断面图外增加钢筋大样图(如钢筋混凝土墙、楼梯等)	
图中所表示的箍筋、环筋等若布置复杂时,可加画钢筋大样及说明	
每组相同的钢筋、箍筋或环筋,可用一根粗实线表示,同时用一根带斜短画线的横穿细线,表示其钢筋及起止范围	

(3)钢筋、钢丝束及钢筋网片应按下列规定进行标注。

1)钢筋、钢丝束的说明应给出钢筋的代号、直径、数量、间距、编号及所在位置,其说明应沿钢筋的长度标注或标注在相关钢筋的引出线上。

2)钢筋网片的编号应标注在对角线上。网片的数量应与网片的编号标注在一起。

3)钢筋、杆件等编号的直径宜采用 5～6 mm 的细实线圆表示,其编号应采用阿拉伯数字按顺序编写(简单的构件、钢筋种类较少可不编号)。

(4)钢筋在平面、立面、剖(断)面中的表示方法应符合下列规定。

1)钢筋在平面图中的配置应按图 1-19 所示的方法表示。当钢筋标注的位置不够时,可采用引出线标注。引出线标注钢筋的斜短画线应为中实线或细实线。

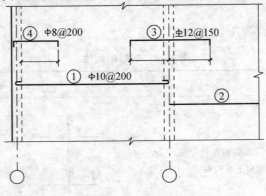

图 1-19　钢筋在楼板配筋图中的表示方法

2）当构件布置较简单时,结构平面布置图可与板配筋平面图合并绘制。

3）平面图中的钢筋配置较复杂时,可按表 1-14 的方法绘制,其表示方法如图 1-20 所示。

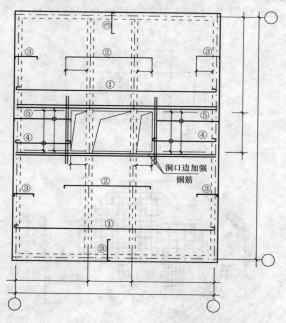

图 1-20　楼板配筋较复杂的表示方法

4）钢筋在梁纵、横断面图中的配置,应按图 1-21 所示的方法表示。

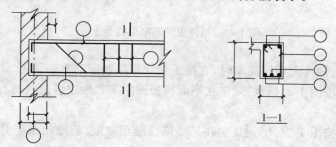

图 1-21　梁纵、横断面图中钢筋表示方法

（5）构件配筋图中箍筋的长度尺寸,应指箍筋的里皮尺寸。弯起钢筋的高度尺寸应指钢筋的外皮尺寸(图 1-22)。

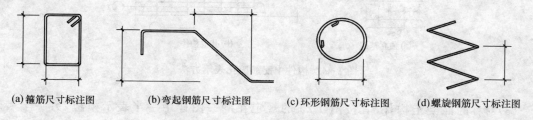

(a)箍筋尺寸标注图　　(b)弯起钢筋尺寸标注图　　(c)环形钢筋尺寸标注图　　(d)螺旋钢筋尺寸标注图

图 1-22　钢箍尺寸标注法

二、钢筋的简化表示方法

(1)当构件对称时,采用详图绘制构件中的钢筋网片可按图 1-23 所示的方法用一半或 1/4 表示。

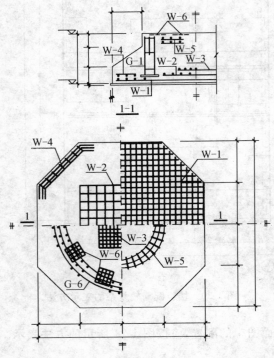

图 1-23　构件中钢筋简化表示方法

(2)钢筋混凝土构件配筋较简单时,宜按下列规定绘制配筋平面图:

1)独立基础宜按图 1-24(a)的规定在平面模板图左下角绘出波浪线,绘出钢筋并标注钢筋的直径、间距等。

2)其他构件宜按图 1-24(b)的规定在某一部位绘出波浪线,绘出钢筋并标注钢筋的直径、间距等。

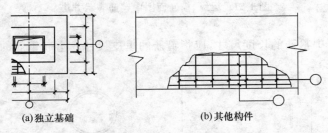

(a)独立基础　　　　　　　　(b)其他构件

图 1-24　构件中配筋简化表示方法

(3)对称的混凝土构件,宜按图 1-25 的规定在同一图样中一半表示模板,另一半表示配筋。

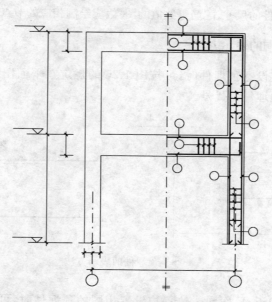

图 1-25 构件配筋简化表示方法

三、文字注写构件的表示方法

（1）在现浇混凝土结构中，构件的截面和配筋等数值可采用文字注写方式表达。

（2）按结构层绘制的平面布置图中，直接用文字表达各类构件的编号（编号中含有构件的类型代号和顺序号）、断面尺寸、配筋及有关数值。

（3）混凝土柱可采用列表注写和在平面布置图中截面注写方式，并应符合下列规定。

1）列表注写应包括柱的编号、各段的起止标高、断面尺寸、配筋、断面形状和箍筋的类型等有关内容。

2）截面注写可在平面布置图中，选择同一编号的柱截面，直接在截面中引出断面尺寸、配筋的具体数值等，并应绘制柱的起止高度表。

（4）混凝土剪力墙可采用列表和截面注写方式，并应符合下列规定。

1）列表注写分别在剪力墙柱表、剪力墙身表及剪力墙梁表中，按编号绘制截面配筋图并注写断面尺寸和配筋等。

2）截面注写可在平面布置图中按编号，直接在墙柱、墙身和墙梁上注写断面尺寸、配筋等具体数值的内容。

（5）混凝土梁可采用在平面布置图中的平面注写和截面注写方式，并应符合下列规定。

1）平面注写可在梁平面布置图中，分别在不同编号的梁中选择一个，直接注写编号、断面尺寸、跨数、配筋的具体数值和相对高差（无高差可不注写）等内容。

2）截面注写可在平面布置图中，分别在不同编号的梁中选择一个，用剖面号引出截面图形并在其上注写断面尺寸、配筋的具体数值等。

（6）重要构件或较复杂的构件，不宜采用文字注写方式表达构件的截面尺寸和配筋等有关数值，宜采用绘制构件详图的表示方法。

（7）基础、楼梯、地下室结构等其他构件，当采用文字注写方式绘制图纸时，可采用在平面布置图上直接注写有关具体数值，也可采用列表注写的方式。

(8)采用文字注写构件的尺寸、配筋等数值的图样,应绘制相应的节点做法及标准构造详图。

四、预埋件、预留孔洞的表示方法

(1)在混凝土构件上设置预埋件时,可按图 1-26 的规定在平面图或立面图上表示。引出线指向预埋件,并标注预埋件的代号。

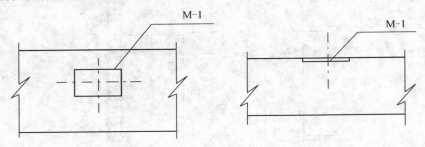

图 1-26　预埋件的表示方法

(2)在混凝土构件的正、反面同一位置均设置相同的预埋件时,可按图 1-27 的规定,引出线为一条实线和一条虚线并指向预埋件,同时在引出横线上标注预埋件的数量及代号。

(3)在混凝土构件的正、反面同一位置设置编号不同的预埋件时,可按图1-28 的规定引一条实线和一条虚线并指向预埋件。引出横线上标注正面预埋件代号,引出横线下标注反面预埋件代号。

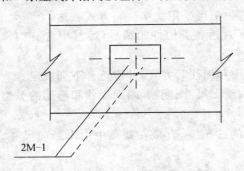

图 1-27　同一位置正、反面预埋件
相同的表示方法

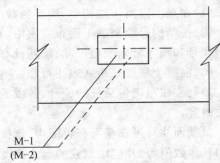

图 1-28　同一位置正、反面预埋件
不相同的表示方法

(4)在构件上设置预留孔、洞或预埋套管时,可按图 1-29 的规定在平面或断面图中表示。引出线指向预留(埋)位置,引出横线上方标注预留孔、洞的尺寸和预埋套管的外径。横线下方标注孔、洞(套管)的中心标高或底标高。

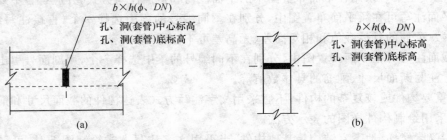

图 1-29　预留孔、洞及预埋套管的表示方法

第五节　木结构的表示方法

一、常用木构件断面的表示方法

常用木构件断面的表示方法应符合表 1-15 中的规定。

表 1-15　常用木构件断面的表示方法

名　称	图　例	说　明
圆木	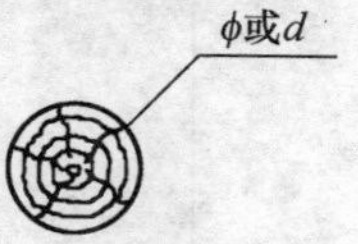 ϕ或d	
半圆木	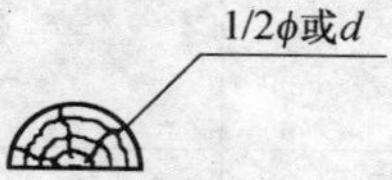 $1/2\phi$或d	（1）木材的断面图均应画出横纹线或顺纹线； （2）立面图一般不画木纹线，但木键的立面图均须绘出木纹线
方木	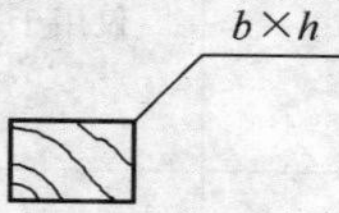 $b\times h$	
木板	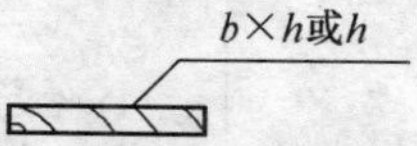 $b\times h$或h	

二、木构件连接的表示方法

木构件连接的表示方法应符合表 1-16 中的规定。

表 1-16　木构件连接的表示方法

名　称	图　例	说　明
钉连接正面画法 （看得见钉帽的）	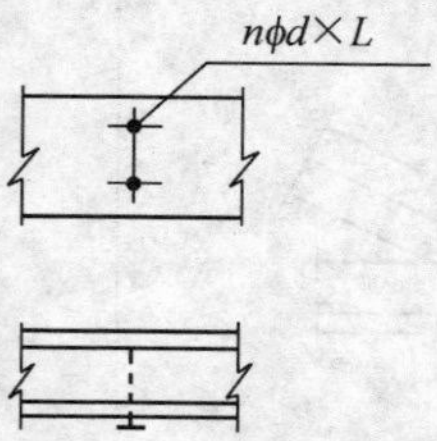 $n\phi d\times L$	
钉连接背面画法 （看不见钉帽的）	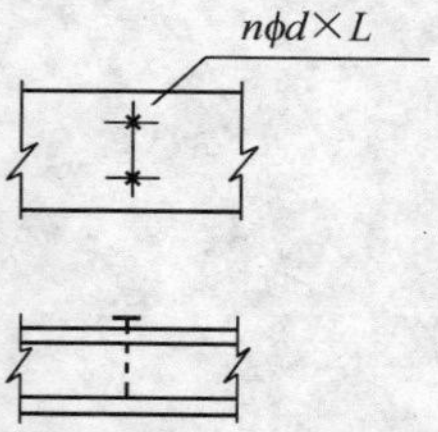 $n\phi d\times L$	

名　称	图　例	说　明
木螺钉连接正面画法 （看得见钉帽的）	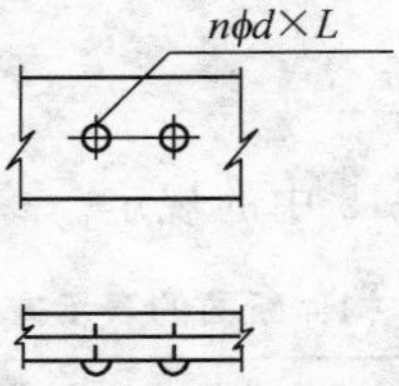 $n\phi d\times L$	—
木螺钉连接背面画法 （看不见钉帽的）	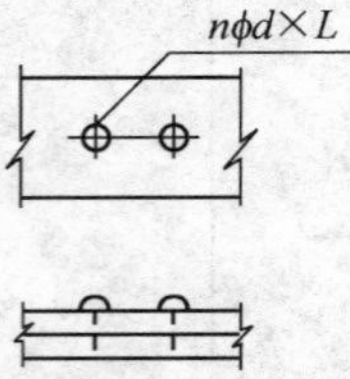 $n\phi d\times L$	
杆件连接		仅用于单线图中
螺栓连接	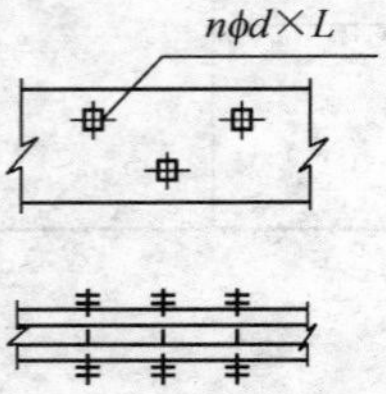 $n\phi d\times L$	(1)当采用双螺母时应加以注明； (2)当采用钢夹板时，可不画垫板线
齿连接	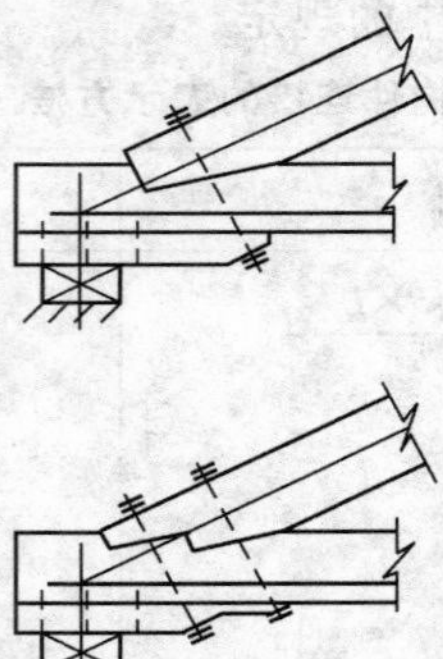	—

第二章　投影基础

第一节　投影的相关知识

一、中心投影法与平行投影法的概念

中心投影法与平行投影法的相关概念见表 2-1。

表 2-1　中心投影法与平行投影法的概念

项　目	内　容
中心投影法	如图 2-1(a)所示,把光源抽象为一点 S,称为投影中心,光线称为投影线,P 平面称为投影面。过点 S 与 △ABC 的顶点 A 作投影线 SA,其延长线与投影面 P 交于 a,这个交点称为空间点 A 在投影面 P 上的投影。由此得到投影线 SA、SB、SC 分别与投影面 P 交于 a、b、c,线段 ab、bc、ca 分别是线段 AB、BC、CA 的投影,而 △abc 就是 △ABC 的投影。这种投影线都从投影中心出发的投影法称为中心投影法,所得的投影称为中心投影
平行投影法	如果将投影中心 S 移至无穷远 S_∞,则所有的投影线都可视为互相平行的,如图 2-1(b)、(c)所示,用平行投影线分别按给定的投影方向做出 △ABC 在 P 面上的投影 △abc,其中 Aa、Bb、Cc 是投影线。这种投影线互相平行的投影法称为平行投影法,所得的投影称为平行投影。 平行投影又分为两种:斜投影和正投影。 (1)斜投影投影方向与投影面倾斜,如图 2-1(b)所示。 (2)正投影投影方向与投影面垂直,如图 2-1(c)所示

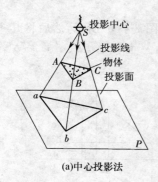
(a)中心投影法

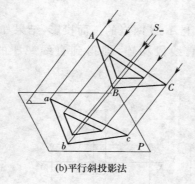
(b)平行斜投影法

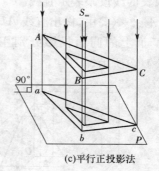
(c)平行正投影法

图 2-1　投影的概念

二、投影法在建筑工程中的应用

(1)中心投影法。

中心投影法,主要用来绘制形体的透视投影图(简称透视图)。透视图主要用来表达建筑物的外形或房间的内部布置等。透视图与照相原理相似,相当于将照相机放在投影中心所拍的照片一样,显得十分逼真,如图 2-2 所示。透视图直观性很强,常用于建筑设计方案比较和展览。但透视图的绘制比较烦琐,建筑物各部分的确切形状和大小不能直接在图中度量。

(2)平行投影法。

平行投影法,可用来绘制轴测投影图(简称轴测图)。轴测图是将形体按平行投影法并选择适宜的方向投影到一个投影面上,能在一个图中反映出形体的长、宽、高 3 个方向,具有较强的立体感,如图 2-3 所示。轴测图也不便于度量和标注尺寸,故在工程中常作为辅助图样。

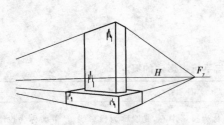

图 2-2　形体的透视图

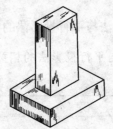

图 2-3　形体的轴测图

第二节　直线的投影

一、直线与直线上点的投影

1. 直线的投影

根据平行投影的基本性质可知:直线的投影一般仍为直线,特殊情况下投影成一点。

根据初等几何,空间的任意两点确定一条直线。因此,只要做出直线上任意两点的投影,用直线段将两点的同面投影相连,即可得到直线的投影。为便于绘图,在投影图中,通常是用有限长的线段来表示直线。

图 2-4(a)中,做出直线 AB 上 A、B 两点的三面投影,结果如图 2-4(b)所示,然后将其 H、V、W 面上的同面投影分别用直线段相连,即得到直线 AB 的三面投影 ab、a'b'、a"b",如图 2-4(c)所示。

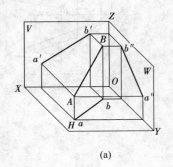

(a)

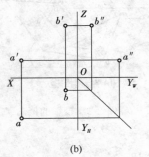

(b)

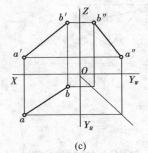

(c)

图 2-4　直线的投影

2.直线上点的投影

由平行投影的基本性质可知:如果点在直线上,则点的各个投影必在直线的同面投影上,点分割线段之比投影后不变。

图 2-5 中,点 K 在直线 AB 上,则点的投影属于直线的同面投影,即 k 在 ab 上,k' 在 a'b' 上,k"在 a"b"上。此时,$AK:KB=ak:kb=a'k':k'b'=a"k":k"b"$,可用文字表示为:点分线段成比例——定比关系。

反之,如果点的各个投影均在直线的同面投影上,则该点一定属于此直线(图 2-5 中点 K),否则点不属于直线。如图 2-5 所示,尽管 m 在 ab 上,但 m'不在 a'b'上,故点 M 不在直线 AB 上。

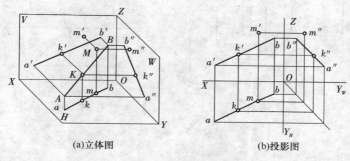

(a)立体图　　　　(b)投影图

图 2-5　直线上的点的投影

由投影图判断点是否属于直线,一般分为两种情况。对于与 3 个投影面都倾斜的直线,只要根据点和直线的任意两个投影便可判断点是否在直线上,如图 2-5 所示中的点 K 和点 M。但对于与投影面平行的直线,往往需要求出第三投影或根据定比关系来判断。如图 2-6 所示,尽管 c 在 ab 上,c'在 a'b'上[图 2-6(a)],但求出 W 投影后可知 c"不在 a"b"上[图 2-6(b)],故点 C 不在直线 AB 上。该问题也可用定比关系来判断,因为 $ac:cb\neq a'c':c'b'$,所以 C 不属于直线 AB。

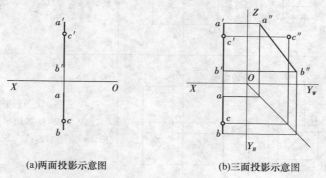

(a)两面投影示意图　　　　(b)三面投影示意图

图 2-6　判断点是否属于直线

二、各种位置直线的投影

直线按其与投影面的位置不同分为 3 种:投影面垂直线、投影面平行线和投影面倾斜线,其中投影面垂直线和投影面平行线又统称为特殊位置直线。

1.投影面垂直线

垂直于某一投影面的直线称为该投影面垂直线。投影面垂直线分为 3 种:铅垂线垂直于 H 面、正垂线垂直于 V 面和侧垂线垂直于 W 面。

图 2-7(a)中,AB 为一铅垂线。因为它垂直于 H 面,则必平行于另外两个投影面,所以 $AB // OZ$。由平行投影的平行性和积聚性可知:AB 的 V 投影 $a'b' // OZ$,W 投影 $a''b'' // OZ$,$ab = a''b'' = ab$(反映实长),水平投影 $a(b)$ 积聚为一点,如图 2-7(b)所示。

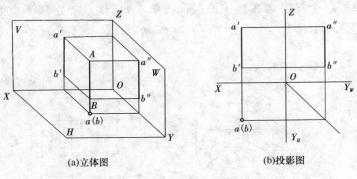

(a)立体图　　　　　　　　(b)投影图

图 2-7　铅垂线

正垂线和侧垂线也有类似的性质,见表 2-2。

表 2-2　投影面垂直线

名称	立体图	投影图	投影特性
铅垂线（垂直于 H 面）			(1)H 投影 $a(b)$ 积聚为一点; (2)V 和 W 投影均平行于 OZ 轴且都反映实长,即 $a'b' // OZ$,$a''b'' // OZ$,$a'b' = a''b'' = AB$
正垂线（垂直于 V 面）			(1)V 投影 $d'(c')$ 积聚为一点; (2)V 和 W 投影均平行于 OY 轴且都反映实长,即 $c'd' // OY$,$c''d'' // OY$,$c'd' = c''d'' = CD$
侧垂线（垂直于 W 面）			(1)W 投影 $e''(f'')$ 积聚为一点; (2)V 和 W 投影均平行于 OX 轴且都反映实长,即 $e'f' // OX$,$e''f'' // OX$,$e'f' = e''f'' = AB$

投影面垂直线的投影特性如下：

(1)在其所垂直的投影面上的投影积聚为一点；

(2)另外两个投影面上的投影平行于同一条投影轴并且均反映线段的实长。

2.投影面平行线

只平行于某一投影面的直线，称为该投影面平行线。投影面平行线也分为 3 种：正平线（只平行于 V 面）、水平线（只平行于 H 面）和侧平线（只平行于 W 面）。下面以图 2-8 正平线为例，讨论其投影性质。

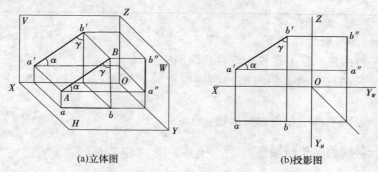

(a)立体图　　　　　　　　　　　(b)投影图

图 2-8　正平线

图 2-8 中 AB 为一正平线。由于它平行于 V 面，所以 $\beta=0°$（直线与 H、V、W 面的夹角分别用 α、β、γ 表示）。由 AB 向 V 面投影构成的投影面 $ABb'a'$ 为一矩形，因而 $a'b'=AB$，即正平线的 V 面投影反映线段的实长。AB 上各点的 Y 坐标相等，所以正平线的 H 面和 W 面投影分别平行于 OX 和 OZ，即 $ab//OX$，$a''b''//OZ$，如图 2-8(b)所示。

直线 AB 与 H 面的倾角 $\alpha=\angle BAa''$[图 2-8(a)]，由于 $Aa''\perp W$ 面，则 $Aa''//OX$，所以正平线的 V 面投影与 OX 轴的夹角反映直线对 H 面的倾角 α[图 2-8(b)]。同理，正平线的 V 面投影与 OZ 轴的夹角反映直线与 W 面的倾角 γ。

水平线和侧平线也有类似的投影性质，见表 2-3。

表 2-3　投影面平行线

名称	立体图	投影图	投影特性
正平线（只平行于 H 面）			(1)$a'b'//OX$，$a''b''//OZ$； (2)$a'b'$ 倾斜且反映实长； (3)$a'b'$ 与 OX 轴夹角即为 α，$a'b'$ 与 OZ 轴夹角即为 γ
水平线（只平行于 V 面）			(1)$c'd'//OX$，$c''d''//OZ$； (2)cd 倾斜且反映实长； (3)cd 与 OX 轴夹角即为 β，cd 与 OY_H 轴夹角即为 γ

续上表

名称	立体图	投影图	投影特性
侧平线（只平行于 W 面）			(1)$e'f' /\!/ OZ, ef /\!/ OY_H$； (2)$e''f''$倾斜且反映实长； (3)$e''f''$与 OY_W 轴夹角即为 α，$e'f'$与 OZ 轴夹角即为 β

投影面平行线的投影特性如下：

(1)在其所平行的投影面上的投影反映线段的实长；

(2)在其所平行的投影面上的投影与相应投影轴的夹角反映直线与相应投影面的实际倾角；

(3)另外两个投影平行于相应的投影轴。

三、投影面倾斜线的实长与倾角

1. 投影分析

投影面倾斜线的倾斜状态虽然千变万化，但归纳起来，只有图 2-9 中的 4 种。这些状态可用直线的一端到另一端的指向来表示。在其上随意定出两点，如图 2-9(a)所示的 a、b 两点，比较这两点的相对位置。从 V 投影可知，点 b 在点 a 之上和之右；从 H 投影可知，点 b 在点 a 之后。因此，直线 ab 的指向是从左前下到右后上；反之，直线 ba 的指向是从右后上到左前下。

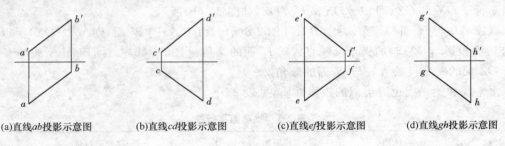

(a)直线 ab 投影示意图　　(b)直线 cd 投影示意图　　(c)直线 ef 投影示意图　　(d)直线 gh 投影示意图

图 2-9　投影面倾斜线的指向

图 2-9(b)、(c)、(d)中，直线 cd 的指向是从左后下到右前上，ef 是从左前上指向右后下，gh 是从左后上指向右前下。其中，ab 和 cd 又称上行线，ef 和 gh 又称下行线。

2. 线段的实长和倾角

从各种位置直线的投影特性可知，特殊位置直线（即投影面垂直线和投影面平行线）的某些投影能直接反映出线段的实长和对某投影面的实际倾角，由于投影面倾斜线对 3 个投影面都倾斜，故 3 个投影均不能直接反映其实长和倾角。下面介绍用直角三角形法求其线段实长和倾角的原理及作图方法。

图 2-10(a)中，AB 为投影面倾斜线。过点 A 在垂直于 H 面的投射面 $ABba$ 上作 $AB_0 /\!/ ab$ 交 Bb 于 B_0，则得到一个直角 $\triangle ABB_0$。在此三角形中，斜边为空间线段本身（实长），线段 AB 对 H 面的倾角 $\alpha = \angle BAB_0$，两条直角边 $AB_0 = ab$，$BB_0 = |Z_B - Z_A| = \Delta Z_{AB}$。

在投影图中若能做出与直角 $\triangle ABB_0$ 全等的三角形，便可求得线段 AB 的实长及对 H 面

的倾角 α。这种方法我们称为直角三角形法。

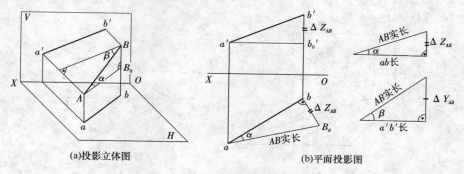

(a)投影立体图 (b)平面投影图

图 2-10 求线段的实长和倾角

第三节 平面的投影

一、投影面倾斜线的实长与倾角

1.投影元素表示

(1)不在同一直线上的 3 个点,如图 2-11(a)所示中点 a、b、c 的投影。

(2)一直线及线外一点,如图 2-11(b)所示中点 a 和直线 bc 的投影。

(3)相交二直线,如图 2-11(c)所示中直线 ab 和 ac 的投影。

(4)平行二直线,如图 2-11(d)所示中直线 ab 和 cd 的投影。

(5)平面图形,如图 2-11(e)所示中△abc 的投影。

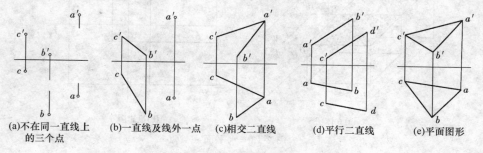

(a)不在同一直线上   (b)一直线及线外一点 (c)相交二直线   (d)平行二直线   (e)平面图形
的三个点

图 2-11 用几何元素表示平面

所谓确定位置,就是说通过上列每一组元素只能做出唯一的一个平面。为了明显起见,通常用一个平面图形(例如平行四边形或三角形)表示一个平面。如果说平面图形 ABC,是指在三角形 ABC 范围内的那一部分平面;如果说平面 ABC,则应该理解为通过三角形 ABC 的一个广阔无边的平面。

2.迹线表示

平面还可以由它与投影面的交线来确定其空间位置。平面与投影面的交线称为迹线。平面与 V 面的交线称为正面迹线,以 P_V 标记;与 H 面交线称为水平迹线,以 P_H 标记,如图 2-12(a)所示。用迹线来确定其位置的平面称为迹线平面。实质上,一般位置的迹线平面就是该平面上相交二直线 P_V 和 P_H 所确定的平面。图 2-12(b)中,在投影图上,正面迹线 P_V 的 V

投影与 P_V 本身重合，P_V 的 H 投影与 OX 重合，不加标记，水平迹线 P_H 的 V 投影与 OX 重合，P_H 的 H 投影与 P_H 本身重合。

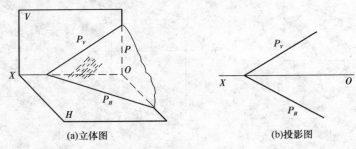

(a)立体图　　　　　　　　　　(b)投影图

图 2-12　用迹线表示平面

二、平面对投影面的相对位置

1.投影面平行面

平行于某一投影面的平面称为投影面平行面。投影面平行面分为 3 种：水平面（平行于 H 面）、正平面（平行于 V 面）和侧平面（平行于 W 面）。

图 2-13（a）中，矩形 $ABCD$ 为一水平面。由于它平行于 H 面，所以其在 H 面投影 $abcd \cong ABCD$，即水平面的水平投影反映平面图形的实形。因为水平面在平行于 H 面的同时一定与 V 面和 W 面垂直，所以其 V 面和 W 面投影积聚成直线段且分别平行于 OX 轴和 OY_W 轴，如图 2-13（b）所示。

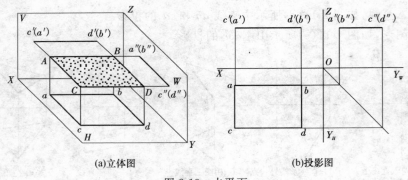

(a)立体图　　　　　　　　　　(b)投影图

图 2-13　水平面

正平面和侧平面也有类似的投影特性，见表 2-4。

表 2-4　投影面平行面

名称	立体图	投影图	投影特性
水平线（只平行于 H 面）			(1) H 投影反映实形； (2) V 投影积聚为平行于 OX 的直线段； (3) W 投影积聚为平行于 OY_W 的直线段

续上表

名称	立体图	投影图	投影特性
正平线（只平行于 V 面）			(1) V 投影反映实形； (2) H 投影积聚为平行于 OX 的直线段； (3) W 投影积聚为平行于 OZ 的直线段
侧平线（只平行于 W 面）			(1) W 投影反映实形； (2) H 投影积聚为平行于 OY_H 的直线段； (3) V 投影积聚为平行于 OZ 的直线段

投影面平行面的投影特性如下。

（1）在其所平行的投影面上的投影，反映平面图形的实形。

（2）在另外两个投影面上的投影均积聚成直线且平行于相应的投影轴。

2.投影面垂直面

只垂直于一个投影面的平面称为投影面垂直面。投影面垂直面分为 3 种：铅垂面（只垂直于 H 面）、正垂面（只垂直于 V 面）和侧垂面（只垂直于 W 面）。

图 2-14 中，矩形 $ABCD$ 为一铅垂面，其 H 投影积聚成一直线段，该投影与 OX 轴和 OY_H 轴的夹角为该平面与 V，W 面的实际倾角 β 和 γ，其 V 面和 W 面投影仍为四边形（类似形），但都比实形小。

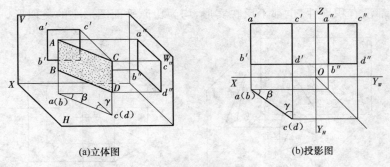

(a)立体图　　　　　　　　　　　(b)投影图

图 2-14　铅垂面

正垂面和侧垂面也有类似的投影特性，见表 2-5。

表 2-5 投影面垂直面

名称	立体图	投影图	投影特性
水平线（垂直于 H 面）			(1) H 投影积聚为一斜线且反映 β 和 γ 角； (2) V、W 投影为类似形
正平线（垂直于 V 面）			(1) V 投影积聚为一斜线且反映 α 和 γ 角； (2) H、W 投影为类似形
侧平线（垂直于 W 面）			(1) W 投影积聚为一斜线且反映 α 和 β 角； (2) H、V 投影为类似形

投影面垂直面的投影特性如下。

(1)在其所垂直的投影面上的投影积聚成一条直线。

(2)其积聚投影与投影轴的夹角,反映该平面与相应投影面的实际倾角。

(3)在另外两个投影面上的投影为小于原平面图形的类似形。

3.投影面倾斜面

投影面倾斜面(又称一般位置平面)与 3 个投影面都倾斜,如图 2-15(a)所示。投影面倾斜面的三面投影都没有积聚性,也都不反映实形,均为比原平面图形小的类似形。

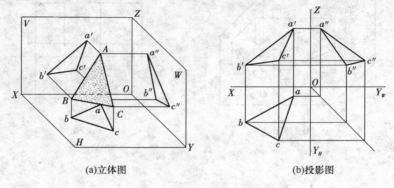

(a)立体图　　　　　　　　　　(b)投影图

图 2-15　投影面倾斜面

三、平面上的点和线

1. 平面上取点和直线

直线和点在平面上的几何条件有：如果一直线经过一平面上两已知点或经过面上一已知点且平行于平面内一已知直线，则该直线在该平面上。如果一点在平面内一直线上，则该点在该平面上。图 2-16 中，D 在 $\triangle SBC$ 的边 SB 上，故 D 在 $\triangle SBC$ 上；DC 经过 $\triangle SBC$ 上两点 C、D，故 DC 在平面 $\triangle SBC$ 上；点 E 在 DC 上，故点 E 在 $\triangle SBC$ 上；直线 DF 过 D 且平行于 BC，故 DF 在 $\triangle SBC$ 上。

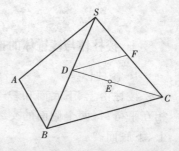

图 2-16　平面上的点和直线

2. 平面上的投影面平行线

图 2-17 中，$\triangle ABC$ 的边 BC 的投影是水平线，边 AB 的投影是正平线，它们都称为平面 $\triangle ABC$ 上的投影面平行线。实际上，投影面倾斜面上有无数条正平线、水平线及侧平线，每一种投影面平行线都互相平行。如图 2-17 所示的 BC 和 EF 的投影，它们都是水平线且都在 $\triangle ABC$ 上，所以它们相互平行，$b'c' /\!/ e'f' /\!/ OX$（V 投影 $/\!/ OX$ 是水平线的投影特点），$bc /\!/ ef$。

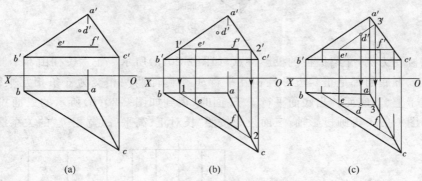

(a)　　　　　　　(b)　　　　　　　(c)

图 2-17　补全平面上点、线的投影

图 2-18 中，要在平面上作水平线或正平线，需先作水平线的 V 投影或正平线的 H 投影（均平行于 OX 轴），然后再作直线的其他投影。

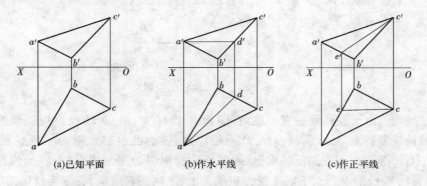

(a)已知平面　　　　　(b)作水平线　　　　　(c)作正平线

图 2-18　在平面内作水平线和正平线

第四节　平面立体的投影

一、棱柱体与棱锥体的投影

1. 棱柱体

棱柱由上、下底面和若干侧面围成,如图 2-19 所示。其上、下底面形状和大小完全相同且相互平行;每两个侧面的交线为棱线,有几个侧面就有几条棱线;各棱线相互平行且都垂直于上、下底面。

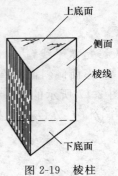

图 2-19　棱柱

以正六棱柱为例,介绍棱柱的投影特点,如图 2-20(a)所示。正六棱柱由 6 个侧面和上、下底面围成,上、下底面都是正六边形且相互平行;6 个侧面两两相交为 6 条相互平行的棱线,6 条棱线垂直于上、下底面。当底面平行于 H 面时,得到如图 2-20(b)所示的三面投影图(本书以后的投影图一般不再画投影轴,三面投影按照"长对正、高平齐、宽相等"的关系摆放)。

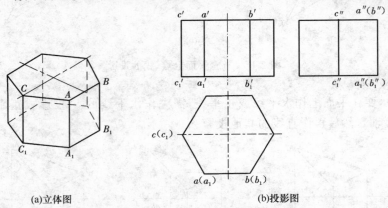

(a)立体图　　　　　　　　　　　　(b)投影图

图 2-20　正六棱柱的投影

在 H 投影上,由于各棱线垂直于底面,即垂直于 H 面,所以 H 投影均积聚为一点,这是棱柱投影的最显著特点,如 $a(a_1)$、$b(b_1)$ 等;相应地,各侧面也都积聚为一条线段,如 $a(a_1)b(b_1)$、$a(a_1)c(c_1)$ 等;上、下底面反映实形(水平面),投影仍为正六边形(上底面投影可见,下底面不可见)。在 V 投影上,上、下底面投影积聚为上、下两条直线段;各侧面投影为实形(如 $a'b'b_1'a_1'$)或类似形(如 $c'a'a_1'c_1'$);由于各棱线均为铅垂线,所以 V 投影都反映实长。在 W 投影上,上、下底面仍积聚为直线段,各侧面投影为类似形(如 $c''a''a_1''c_1''$)或积聚为直线段如 $a''(b'')a_1''$

(b_1'')，各棱线仍反映实长。

在立体的投影图中，应能够判别各侧面及各棱线的可见性。判别的原则是根据其前后、上下、左右的相对位置来判断其 V、H、W 投影是否可见。如在图 2-20(b) 中，由于六棱柱的上底面在上，所以其 H 投影可见；下底面在下，被六棱柱本身挡住，自然其 H 投影为不可见。在 W 投影中，由于棱线 AA_1 在左 W 投影为可见，而 BB_1 在右 W 投影为不可见。应注意到正六棱柱为前后对称形，因此，在 V 投影中，位于形体前面的 3 个侧面 V 投影都可见，而后面的 3 个侧面 V 投影都不可见。

平面立体表面取点的方法与平面上取点的方法相同。但必须注意的是，应确定点在哪个侧面上，从而根据侧面所处的空间位置，利用其投影的积聚性或在其上作辅助线，求出点在侧面上的投影。

2. 棱锥体

以图 2-21(b) 为例判别棱锥三面投影的可见性。在 H 投影中，底面在下不可见，而 3 个侧面及 3 条棱线均可见；在 V 投影中，位于后面的侧面△SAC 不可见，另外两个侧面△SAB 和△SBC 均为可见；在 W 投影中，侧面△SAB 在左，投影可见，侧面△SBC 不可见，另一侧面投影积聚于 $s''a''(c'')$。

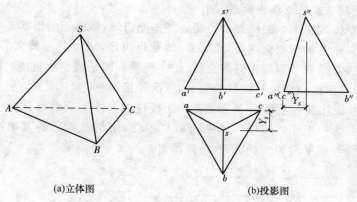

(a)立体图 (b)投影图

图 2-21 三棱锥的投影

在棱锥表面上取点、线时，应注意其在侧面的空间位置。由于组成棱锥的侧面有特殊位置平面，也有一般位置平面，在特殊位置平面上作点的投影，可利用投影积聚性作图；在一般位置平面上作点的投影，可选取适当的辅助线作图。

棱锥由一个底面和若干个侧面围成，各个侧面由各条棱线交于顶点，顶点常用字母 S 来表示。如图 2-21(a) 所示为一个三棱锥，其底面为△ABC，顶点为 S，3 条棱线分别为 SA、SB、SC。三棱锥底面为三角形，有 3 个侧面及 3 条棱线；四棱锥的底面为四边形，有 4 个侧面及 4 条棱线；以此类推。

在作棱锥的投影图时，通常将其底面水平放置，如图 2-21(b) 所示。因而，在其 H 投影中，底面反映实形；在 V、W 投影中，底面均积聚为一直线段；各侧面的 V、W 投影通常为类似形，但也可能积聚为直线段，如图 2-21(b) 所示中的 $s''a''(c'')$。

二、平面与平面立体截交的投影

平面与立体相交，可想象为平面截割立体，此平面称为截平面，所得交线称为截交线，由截交线围成的平面图形称为截面或截断面,如图 2-22 所示。

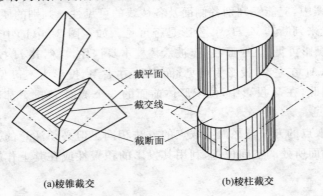

　　　　　(a)棱锥截交　　　　　　　　　　　　(b)棱柱截交

图 2-22　平面与立体截交

截交线的性质如下。

(1)截交线是闭合的平面折线。

(2)截交线是截平面与立体表面的共有线。

平面与平面立体截交产生的截交线为闭合的平面折线,截断面的形状是一个平面多边形。多边形的边数由立体上参与截交侧面(或底面)的数目决定,或由参与截交的棱线(或边线)的数目决定。每条边即是截平面与侧面的交线,每个转折点即是截平面与棱线的交点。因此,在求解截交线时,只要求出截交线与棱线的交点,依次连接即可。

图 2-23 中,六棱柱被一正垂面 P 所截。由于棱柱的 6 个侧面参与截交(即 6 条棱线参与截交),因此截交线为一平面六边形。如果已知 V 投影,求解被截后的其他投影,则可求出参与截交的 6 条棱线与截平面的交点,依次连接即可。

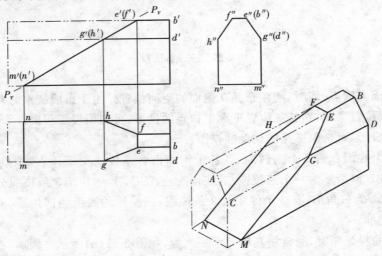

图 2-23　棱柱体的截交线

三、两平面立体相贯的投影

两个立体相交称为相贯,参加相贯的立体称为相贯体,其表面交线称为相贯线。

根据相贯体表面性质的不同,两相贯立体有 3 种不同的组合形式:两平面体相贯 [图 2-24(a)]、平面体与曲面体相贯[图 2-24(b)]和两曲面体相贯[图2-24(c)]。

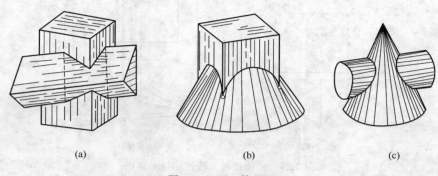

(a)　　　　　　　　　　　　(b)　　　　　　　　　　　　(c)

图 2-24　两立体相贯

根据两相贯立体相贯位置的不同,有"全贯"和"互贯"两种情况。当甲、乙两立体相贯,如果甲立体上的所有棱线(或素线)全部贯穿乙立体时,产生两组相贯线,称为全贯,如图 2-24(c)所示;如果甲、乙两立体分别都有部分棱线(或素线)贯穿另一立体时,产生一组相贯线,称为互贯,如图 2-24(a)所示。

由于相贯体的组合和相对位置不同,相贯线表现为不同的形状和数目,但任何两立体的相贯线都具有下列两个基本性质。

(1)相贯线是两相贯立体表面的共有线,是一系列共有点的集合。

(2)由于立体具有一定的范围,所以相贯线一般是闭合的空间折线或空间曲线,特殊情况下也可能是平面曲线或直线。

两平面立体的相贯线是闭合的空间折线。组成折线的每一直线段都是两相贯体相应侧面的交线,折线的各个顶点则为甲立体的棱线对乙立体的贯穿点(棱线与立体的交点)或是乙立体的棱线对甲立体的贯穿点,如图 2-25(c)、(d)所示。

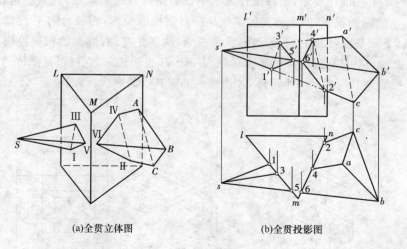

(a)全贯立体图　　　　　　　　　　　　　(b)全贯投影图

图　2-25

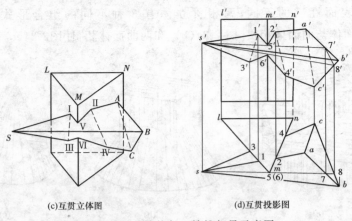

(c)互贯立体图　　　　　　　(d)互贯投影图

图 2-25　三棱柱与三棱锥相贯示意图

综上所述：求两平面立体相贯线的方法，即只要求出各条参加相贯的棱线与另一立体表面的贯穿点，将其依次连接即可。应当注意，在连线时还需判别各部分的可见性。只有位于两立体上都可见的表面上的交线才是可见的；只要有一个表面不可见，则其交线就不可见。

第五节　形体的三面投影

一、三面投影体系的建立

三面投影体系的建立中，如果给定了空间形体及投影面，可以确切地做出该形体的正投影图。反过来，如果仅知道形体的一个投影，形体I和形体II在 H 面上的投影形状和大小是一样的。这样仅给出这一个投影，就难以确定它所表示的到底是形体I，还是形体II，或其他几何形体。设置两个互相垂直的投影面组成两投影面体系，两投影面分别称为正立投影面 V（简称 V 面）和水平投影面 H（简称 H 面），V 面与 H 面的交线 OX 称为投影轴，如图 2-26（a）所示。设形体四棱台，分别向 V 面和 H 面作投影，则四棱台的水平投影是内外两个矩形，其对应角相连，两个矩形是四棱台上、下底面的投影，四条连接的斜线是棱台侧棱的投影；四棱台的 V 投影是一个梯形线框，梯形的上、下底是棱台的上、下底面的积聚投影，两腰是左、右侧面的积聚投影。如果单独用一个 V 投影表示，它可以是形体 A 或 C；单独用一个 H 投影表示，它可以是形体 A 或 B。只有用 V 投影和 H 投影来共同表示一个形体，才能唯一确定其空间形状，即四棱台 A。

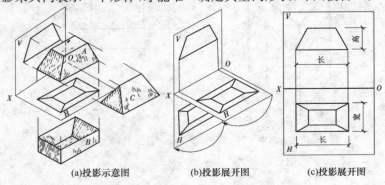

(a)投影示意图　　　　　(b)投影展开图　　　　(c)投影展开图

图 2-26　四棱台的两面投影图

　　做出棱台的两个投影之后,将形体移开,再将两个投影面展开。如图 2-26(b)所示,展开时规定 V 面不动,使 H 面连同水平绕投影轴 OX 向下旋转,直至与 V 面同在一个平面上。

　　有些形体,用两个投影还不能唯一确定它的形状,如图 2-27 所示,于是还要增加一个同时垂直于 V 面和 H 面的侧立投影面(简称 W 面)。被投影的形体就放置在这 3 个投影面所组成的空间里。形体 A 的 V、H、W 面投影所确定的形体是唯一的,不可能是 B 和 C 或其他。

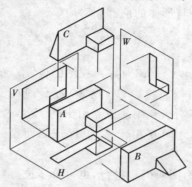

图 2-27　三面投影的必要性

二、三面投影图的展开及特性

　　V 面、H 面和 W 面共同组成一个三投影面体系,如图 2-28(a)所示。这 3 个投影面分别两两相交于 3 条投影轴,V 面和 H 面的交线称为 OX 轴,H 面和 W 面的交线称为 OY 轴,V 面和 W 面的交线称为 OZ 轴,三轴线的交点称为原点。

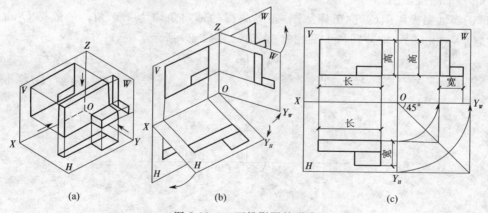

图 2-28　三面投影图的形成

　　实际作图只能在一个平面(即一张图纸上)进行。为此需要把 3 个投影面转化为一个平面。如图 2-28(b)所示,规定 V 面固定不动,使 H 面绕 OX 轴向下旋转 90°角,W 面绕 OZ 轴向右旋转 90°角,于是 H 面和 W 面就同 V 面重合成一个平面。这时 OY 轴分为两条:一条随 H 面转到与 OZ 轴在同一垂直线上,标注为 OY_H;另一条随 W 面转到与 OX 轴在同一水平线上,标注为 OY_W,以示区别,如图 2-28(c)所示。正面投影(V 投影)、水平投影(H 投影)和侧面投影(W 投影)组成的投影图,称为三面投影图。

　　立体的三面投影图特性如下。

　　(1)形体上平行于 V 面的各个面的 V 投影反映实形,形体上平行于 H 面的各个面的 H 投影反映实形,形体上平行于 W 面的各个面的 W 投影反映实形。

(2)水平投影(H 投影)和正面投影(V 投影)具有相同长度,即长对正;正面投影(V 投影)和侧面投影(W 投影)具有相同高度,即高平齐;水平投影(H 投影)和侧面投影(W 投影)具有相同宽度,即宽相等。

(3)H 投影靠近 X 轴部分和 W 投影靠近 Z 轴部分与形体的后部相对应,H 投影远离 X 轴部分和 W 投影远离 Z 轴部分与形体的前部相对应。

三、三面投影图的画法

在画投影图时,应首先根据投影规律对好三视图的位置。在开始作图时,先画上水平联系线,以保证正面投影(V 投影)与侧面投影(W 投影)等高;画上铅垂联系线,以保证水平投影(H 投影)与正面投影(V 投影)等长,利用从原点引出的45°线(或用以原点 O 为圆心所作的圆弧)将宽度在 H 投影与 W 投影之间互相转移,以保证侧面投影(W 投影)与水平投影(H 投影)等宽。

一般情况下形体的三面投影图应同步进行,也可分步进行,但一定要遵循上述"三等"的投影规律。

第六节　轴测的投影

一、轴测投影图

1. 正等轴测投影图

(1)正等轴测投影图(简称正等测图)正等测图的轴间角均为120°角。一般将 O_1Z_1 轴垂直放置,O_1X_1 和 O_1Y_1 轴分别与水平线成30°角,如图2-29所示。

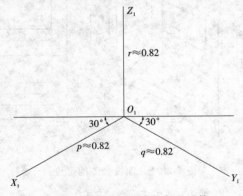

图 2-29　轴间角及轴向变形系数

(2)正等测图中各轴向变形系数的平方和等于2,由此可得 $p=q=r\approx0.82$,为了作图方便,常把轴向变形系数取为1,这样画出的正等测图各轴向尺寸将比实际情况大1.22倍。

(3)作形体的正等测投影图,最基本的画法为坐标法,即根据形体上各特征点的 X、Y、Z 坐标,求出各点的轴测投影,然后连成形体表面的轮廓线。

2. 坐标平面圆的正等轴测投影图

在轴测投影图中,由于各坐标平面均倾斜于轴测投影面,所以平行于坐标平面圆的正等测图都是椭圆。

图 2-30 中,平行于坐标平面圆的正等测图,都是大小相同的椭圆,作图时可采用近似方法——四心法,椭圆由四段圆弧组成。下面以水平圆为例,介绍其正等测投影图的画法。

图 2-30　平行于坐标平面圆的正等测图

(1)图 2-31(a)中半径为 R 的水平圆。

(2)作轴测轴 O_1X_1、O_1Y_1 分别与水平线成 30°角,以 O_1 为中心,沿轴测轴向两侧截取半径长度 R,得到 4 个端点 A_1、B_1、C_1、D_1,然后,过 A_1、B_1 作 O_1Y_1 轴平行线,过 C_1、D_1 作 O_1X_1 轴平行线,完成菱形,如图 2-31(b)所示。

(3)菱形短对角线端点为 O_2、O_3,连接 O_2A_1、O_2D_1 分别交菱形长向对角线于 O_4、O_5 点。O_2、O_3、O_4、O_5 即为四心法中的四心,如图 2-31(c)所示。

(4)以 O_2、O_3 为圆心,O_2A_1 为半径,画圆弧 A_1D_1、C_1B_1;以 O_4、O_5 为圆心,O_4A_1 为半径,画圆弧 A_1C_1、B_1D_1。四段圆弧两两相切,切点分别为 A_1、D_1、B_1、C_1。完成近似椭圆,如图 2-31(d)所示。

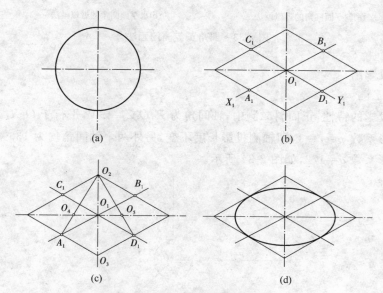

图 2-31　圆的正等测图近似画法

如果求铅直圆柱的正等测投影图,可按上述步骤画出圆柱顶面圆的轴测图,然后按圆柱的高度平移圆心,即可得到圆柱的正等轴测图画法,如图 2-32 所示。

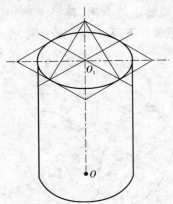

图 2-32　圆柱正等测图画法

平面图中圆角的正等测图画法,如图 2-33 所示。

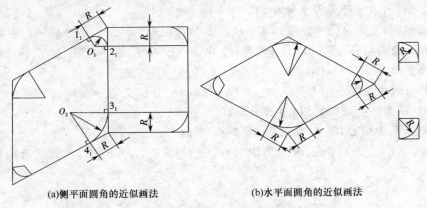

(a)侧平面圆角的近似画法　　　　　　　(b)水平面圆角的近似画法

图 2-33　圆角正等测图画法

3.斜轴测投影图

(1)正面斜二测。

根据平行投影的特性,正面斜二测中,轴间角为 $X_1O_1Z_1=90°$,平行于 O_1X_1 轴、O_1Z_1 轴的线段其轴向变形系数 $p=r=1$,即轴测投影长度不变,另外两个轴间角均为 $135°$角,沿 O_1Y_1 轴方向的轴向变形系数 $q=1/2$,如图 2-34 所示。

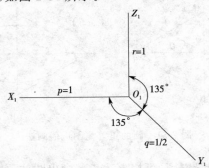

图 2-34　正面斜二测轴间角和轴向变形系数

（2）水平斜等测。

水平斜等测，轴间角 $\angle X_1 O_1 Y_1 = 90°$，形体上水平面的轴测投影反映实形，即 $p = q = 1$，习惯上，仍将 $O_1 Z_1$ 轴垂直放置，取 $\angle Z_1 O_1 X_1 = 120°$，$\angle Z_1 O_1 Y_1 = 150°$，沿 Z_1 轴的轴向变形系数 r 仍取 1，如图 2-35 所示。

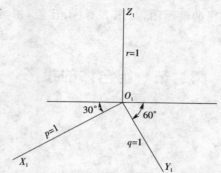

图 2-35　水平斜等测轴间角及轴向变形系数

水平斜等测，适宜绘制建筑物的水平剖面图或总平面图。水平斜等测可以反映建筑物的内部布置、总体布局及各部位的实际高度。

二、轴测投影的选择

在选择轴测图类型时，应注意形体上的侧面和棱线尽量避免被遮挡、重合、积聚以及对称，否则轴测图将失去丰富的立体效果，如图 2-36 所示。

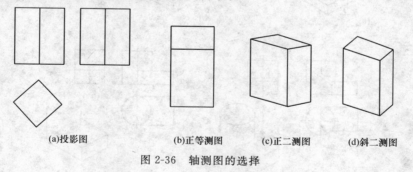

(a)投影图　　　　(b)正等测图　　(c)正二测图　　(d)斜二测图

图 2-36　轴测图的选择

此外，还要考虑选择作轴测图时的投影方向。常用的方向，如图 2-37 所示。

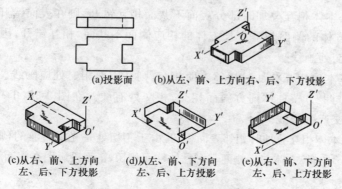

(a)投影面　(b)从左、前、上方向右、后、下方投影

(c)从右、前、上方向　　(d)从左、前、下方向　　(e)从右、前、下方向
　左、后、下方投影　　　　左、后、上方投影　　　　左、后、上方投影

图 2-37　形体的 4 种投影方向

图 2-37(b)是从形体的左、前、上方向右、后、下方投影所得的轴测图,该图各轴按常规设置。图 2-37(c)是从形体的右、前、上方向左、后、下方投影所得的轴测图,相当于图 2-37(b)中的各轴绕 $O'Z'$ 轴顺时针旋转了 90°角。图 2-37(d)是从形体的左、前、下方向右、后、上方投影所得的轴测图,与图 2-37(b)比较,是将 $O'X'$、$O'Y'$ 轴反方向画出。图 2-37(e)是从形体的右、前、下方向左、后、上方投影所得的轴测图,与图 2-37(d)比较,相当于各轴绕 $O'Z'$ 轴逆时针旋转了 90°角。

第七节　组合体的投影

一、组合体的组成类形

1. 叠加型

(1)平齐。两基本体相互叠加时部分表面平齐共面,则在表面共面处不画线。在图 2-38(a)中,两个长方体前后两个表面平齐共面,故正面投影中两个体表面相交处不画线。

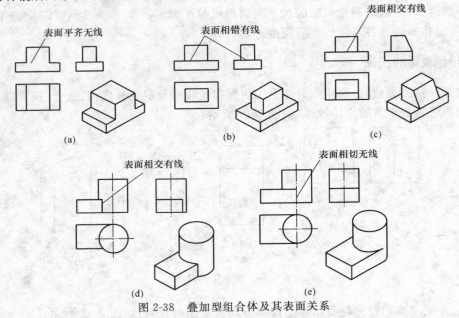

图 2-38　叠加型组合体及其表面关系

(2)相错。两基本体相互叠加时部分表面不共面相互错开,则在表面错开处应画线。在图 2-38(b)中,上面长方体的侧面与下方长方体的相应侧面不共面,相互错开,因此在正面投影与侧面投影中表面相交处画线。

(3)相交。两基本体相互叠加时相邻表面相交,则在表面相交处应画线。在图 2-38(c)中,下面长方体前侧面与上方棱柱体前方斜面相交,相交处有线。在图 2-38(d)中,长方体前后侧面与圆柱体柱面相交产生交线。

(4)相切。两基本体相互叠加时相邻表面相切,由于相切处是光滑过渡的,则在表面相交处不应画线。在图 2-38(e)中,长方体前后侧面与圆柱体柱面相切,正面投影图在表面相切处不画线。

2. 切割型

由基本体经过切割而形成的形体称为切割型组合体。如图 2-39 所示的组合体可以看成是一个四棱柱体在左上方切去一个三棱柱,再在左前方和左后方切去两个楔形体而形成的。

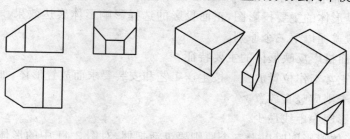

图 2-39 切割型组合体

3. 综合型

由若干基本体经过切割,然后再叠加到一起而形成的组合体称为综合型组合体。图 2-40 是一个综合型组合体,由两个长方体组成,上面长方体被切掉一个三棱柱和一个梯形棱柱体,下面长方体在中间被切掉一个小三棱柱。

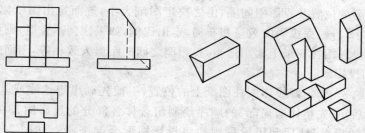

图 2-40 综合型组合体

二、组合体投影图的画法

组合体投影图绘图与步骤如下所述。

步骤 1:形体分析。

首先对组合体进行形体分析,确定组合体的组成类型,明确组合体各部分的构成情况及相对位置关系,对组合体有个总体概念。如图 2-41 所示,该形体可以看成由一个水平放置的长方体、半圆柱体和一个竖直放置的长方体组合而成。其中,水平放置的长方体和半圆柱体之间挖了一个圆柱孔,竖直放置的长方体上切去一个三棱柱。

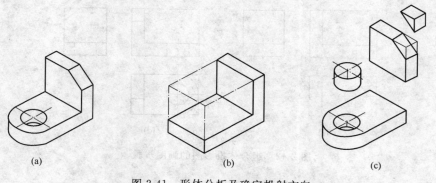

(a)   (b)   (c)

图 2-41 形体分析及确定投射方向

步骤2：选择正面投影的投射方向及投影图数量。

正面投影图是形体的主要投影图，正面投影的选择影响形体表达效果。在选择正面投影的投射方向时一般遵循以下三个原则。

(1)尽量让正面投影反映形体的主要特征。

(2)将形体按正常工作位置放置。按生产工艺和安装要求而放置形体，如房屋建筑中的梁应水平放置，而柱子则应竖直放置。

(3)尽量使投影图中虚线最少。

在绘制具体形体投影图时以上三个原则要灵活把握，对图2-41中的形体选择图示投射方向为好。正立面图的投影方向确定后，水平投影和侧面投影的方向也就随之确定了。选择投影图数量时要在保证形体表达完整清晰的前提下，尽量采用较少的投影图。

步骤3：确定比例和图幅。

选择好投射方向后，要确定绘图比例和图纸幅面尺寸。比例及图幅的选择互为约束，应同时进行，二者兼顾考虑。一种方法是先选定比例，确定投影图的大小（包括尺寸布置所需位置），留出投影图名的位置及投影图间隔，由之决定图纸大小，进而定出图纸幅面；另一种方法是先选定图幅大小，再根据投影图数量和布局，定出比例，如果比例不合适，则要再调整图幅和定出比例。要使投影图在图纸上大小适当，投影图之间的距离大致相等，图面整体布置合理。

步骤4：绘制投影图。

(1)画底稿线。先确定好投影图在图纸上的位置，一般先画出定位线或基准线，然后按照"先主后次，先大后小，先整体后局部"的顺序绘制组合体各部分的投影图。在绘制时先画最能反映形体特征的投影，然后利用投影规律将投影图配合起来画。如图2-42所示，先画出组合体中水平方向的长方体，再画出它右上方竖直放置的长方体，然后画出水平长方体上半圆柱体和圆孔的水平投影图和竖直长方体上切去三棱柱的侧面投影，最后完成该形体的三面投影图。

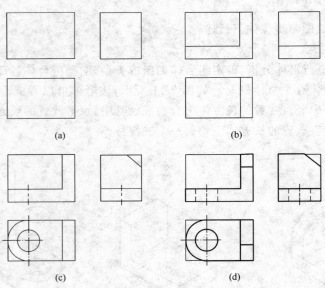

图2-42　组合体投影图的画图步骤

(2)布置尺寸标注。

（3）检查修改。画完底稿后要对所画投影图进行检查，要注意检查各形体的相对位置和表面的连接关系，不要多线少线。

（4）加深图线并注写尺寸数字和图名等。检查无误后，按制图标准规定的线型线宽加深。加深图线顺序是"先上后下，先左后右，先细后粗，先曲后直"。

三、组合体投影图的识读

1. 读图的基础（表 2-6）

表 2-6　读图的基础

项　目	内　容
几个投影图要联系起来读	由于组合体是用多面正投影来表达的，而在每一个投影图中只能表示形体的长、宽、高三个基本方向中的两个，因此不能只看了一个投影图就下结论。 由下图可见，一个投影图不能唯一确定形体的形状，只有把各个投影图按"长对正，高平齐，宽相等"的规律联系起来阅读，才能读懂 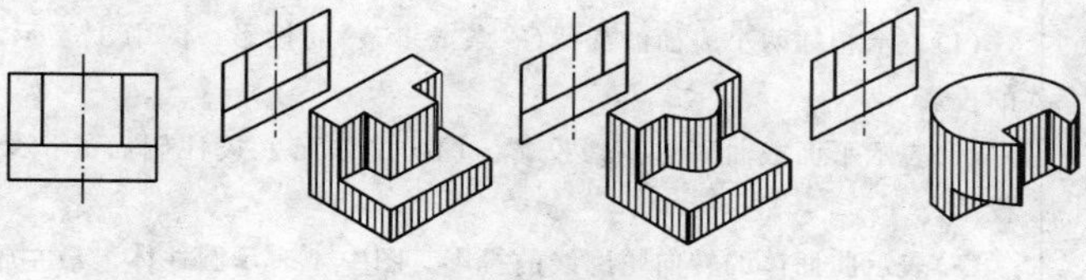 <p align="center">一个投影图不能确定形体的形状</p>
注意形体的方位关系	正面投影反映形体左右和上下方向的位置关系，不反映形体前后方向的位置关系；水平投影反映形体左右和前后方向的位置关系，不反映形体上下方向的位置关系；侧面投影反映形体上下和前后方向的位置关系，不反映形体左右方向的位置关系。通过投影图判断形体中各个部分的空间位置关系，可以准确地判断投影的可见性，进而帮助人们更清楚地理解整个形体
认真分析形体间相邻表面的相对位置	读图时要注意分析投影图中反映形体之间有关联的图线，判断各形体间的相对位置。如下图（a）所示的正立面图中，三角形肋板与底板之间为粗实线，说明它们的前表面不共面；结合平面图和左侧立面图可以判断出肋板只有一块，位于底板中间。而下图（b）的正立面图中，三角肋板与底板之间为虚线，说明其前表面是共面的，结合平面图、左侧立面图可以判断三角肋板有前后两块 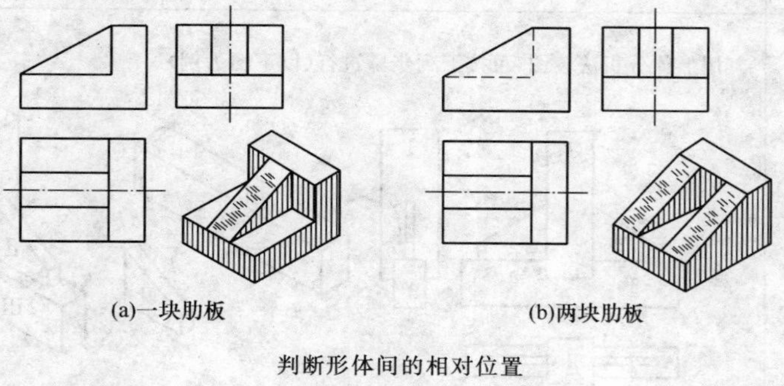 （a）一块肋板　　　　　　（b）两块肋板 判断形体间的相对位置 另一方面，以上图中所示的两个形体来比较，它们的平面图和左侧立面图完全相同，仅仅因为正立面图中的一段折线分别为实线和虚线的区别，便呈现出中间肋板的较大差异

续上表

项　目	内　容
弄清投影图中图线、线框的空间含义	在读图时要注意投影图中每条图线、每个封闭线框的空间含义。弄清投影图中图线、封闭线框的空间含义有利于想象整个形体的空间形状。如下图所示，投影图中图线、封闭线框的空间含义有多种可能情况。 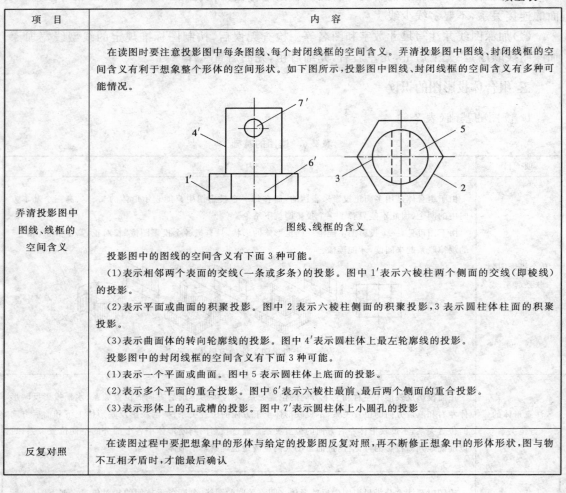 图线、线框的含义 　　投影图中的图线的空间含义有下面 3 种可能。 　　(1)表示相邻两个表面的交线(一条或多条)的投影。图中 $1'$ 表示六棱柱两个侧面的交线(即棱线)的投影。 　　(2)表示平面或曲面的积聚投影。图中 2 表示六棱柱侧面的积聚投影，3 表示圆柱体柱面的积聚投影。 　　(3)表示曲面体的转向轮廓线的投影。图中 $4'$ 表示圆柱体上最左轮廓线的投影。 　　投影图中的封闭线框的空间含义有下面 3 种可能。 　　(1)表示一个平面或曲面。图中 5 表示圆柱体上底面的投影。 　　(2)表示多个平面的重合投影。图中 $6'$ 表示六棱柱最前、最后两个侧面的重合投影。 　　(3)表示形体上的孔或槽的投影。图中 $7'$ 表示圆柱体上小圆孔的投影
反复对照	在读图过程中要把想象中的形体与给定的投影图反复对照，再不断修正想象中的形体形状，图与物不互相矛盾时，才能最后确认

2. 读图的方法(表 2-7)

表 2-7　读图的方法

项　目	内　容
形体分析法	用形体分析法读图，可按下列步骤进行(以下图为例)。 (a)视图　　　　　　(b)分解　　　　　　(c)立体图 <center>形体分析法读图</center>

项　目	内　容
形体分析法	（1）分线框将组合体分解成若干个简单体。由于组合体的投影图表现为线框，可以从反映形体特征的正立面图入手，如图（a）所示，将正立面图初步分为 1′、2′、3′、4′四个部分（线框）。 （2）对某一基本体，通过对照其他投影图，找出与之对应的投影，确认该基本体并想象出它们的形状。 在平面图和左侧立面图中与前述 1′、3′相对应的线框是 1、3 和 1″、3″，由此得出简单体Ⅱ和Ⅲ，如图（b）所示；与 2′对应的线框，平面图是 2，但左侧立面图中却是 a″和 b″两个线框，这是因为其所对应的是上顶面为斜面的简单体Ⅰ；至于 4′线框体现的是与左边Ⅲ相对称的部分。 （3）想象整体形状。读懂各基本体之间的相对位置，得出组合体的整体形状，如图（c）所示
线面分析法	分析所给各投影图上相互对应的线段和线框的意义，从而弄清组合体的各部分以及整体的形状，这种方法称为线面分析法。 以下图为例说明线面分析法读图全过程。 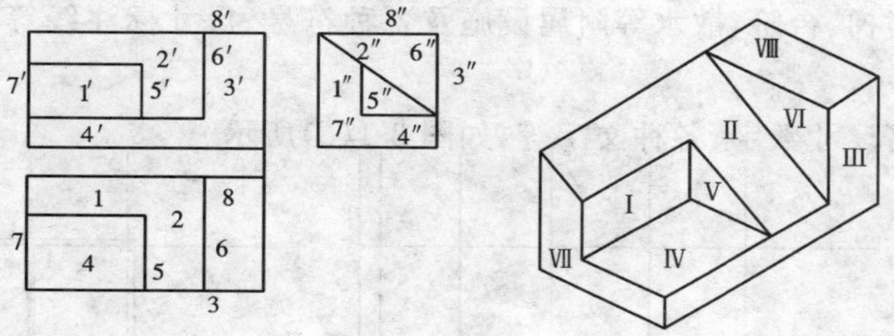 (a)投影图　　　　　　(b)立体图 线面分析法读图 （1）将正立面图中封闭的线框编号，在平面图和左侧立面图中找出与之对应的线框或线段，确定其空间形状。 正立面图中有 1′、2′、3′三个封闭线框，按"高、平、齐"的关系，1′线框对应 W 投影上的一条竖直线 1″，根据平面的投影规律可知Ⅰ平面是一个正平面，其 H 面投影应为与之"长对正"的平面图中的水平线 1。2′线框对应 W 投影应斜线 2″，因此Ⅱ平面应为侧垂面，根据平面的投影规律，其 H 面投影不仅与其正面投影"长对正"，而且应互为类似形，即为平面图中封闭的 2 线框。3″线框对应 W 投影为竖线 3″，说明Ⅲ平面为正平面，其 H 面投影为横向线段 3。 （2）将平面图和侧面图中剩余封闭线框编号，分别有 4、8 和 5″、6″、7″，找出其对应投影并确定空间形状。 其中，4 线框对应投影为线段 4′和 4″，此为矩形的水平面；8 线框对应投影为线段 8′和 8″，其也为矩形的水平面；5″线框的对应投影为竖向线 5′和 5，可确定为形状是直角三角形的侧平面；同理，6″线框及竖线 6′和 6 也为侧平面；7″线框对应投影为竖线 7′和 7，可确定它也为侧平面。 （3）由投影图分析各组成部分的上、下、左、右、前、后关系，综合起来得出整体形状，如上图（b）所示

第三章　房屋建筑施工图识读

第一节　房屋建筑图的绘制

一、建筑平面图的绘制

（1）确定图幅及比例进行图面布置，要考虑尺寸标注及有关文字说明等的位置。

（2）画出定位轴线，如图 3-1(a)所示。

（3）画墙、柱及门窗，如图 3-1(b)所示。

（4）画楼梯、台阶、散水等附属设施及各种符号、尺寸标注线等。检查无误后加深图线，如图 3-1(c)所示。

（5）注写尺寸数字、各种文字等，如图 3-1(d)所示。

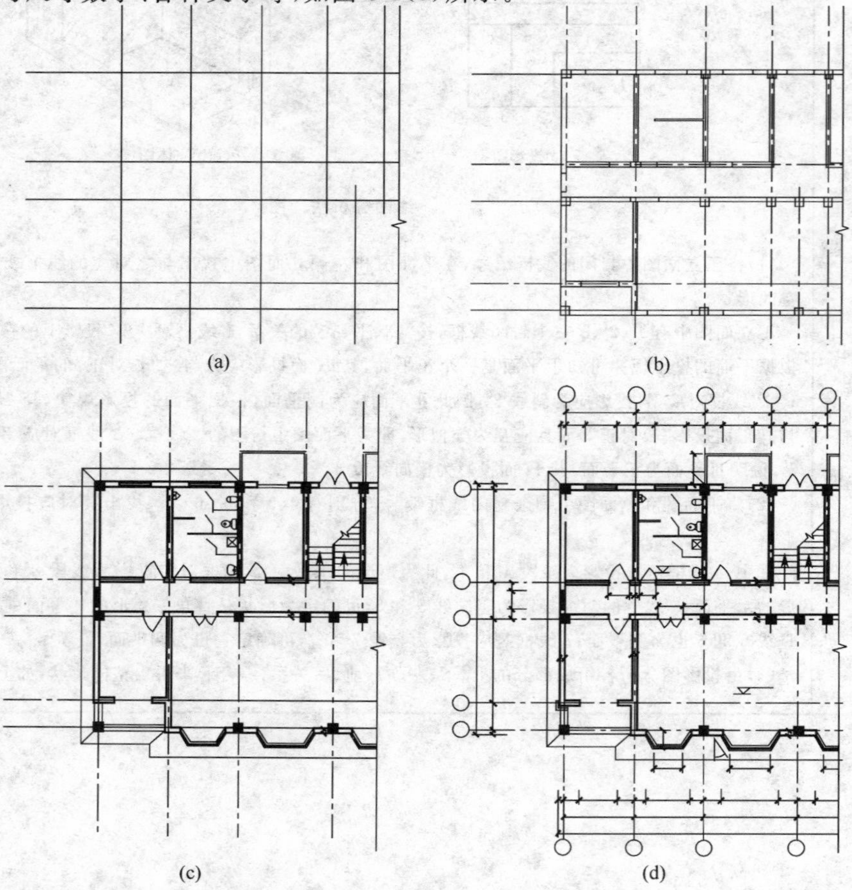

(a)

(b)

(c)

(d)

图 3-1　平面图的绘制

图线表达

绘图时,图线表达得正确与否,直接影响图面的质量,所以需要注意以下几点。

(1)实线相接时,接点处要准确,既不要偏离,也不要超出。

(2)画虚线及单点长画线或双点长画线时,应注意画等长的线段及一致的间隔,各线型应视相应的线宽及总长确定各自线段长度及间隔。

(3)虚线与虚线交接或虚线与其他图线交接时,应是线段交接。虚线为实线的延长线时,线段不得与实线连接,如下图所示。

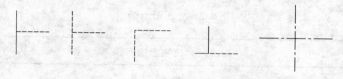

图线交接画法

(4)单点长画线或双点长画线均应以线段开始和结尾。点画线与点画线交接或点画线与其他图线交接时,应是线段交接。

(5)圆心定位线应是单点长画线,当圆直径较小时,可用细实线代替。

二、建筑立面图的绘制

一般先绘制好平面图,对应来绘制立面图。绘制步骤如下所述。

步骤1:选定比例、图幅进行图面布置。比例、图幅一般与平面图相同。

步骤2:画出两端的定位轴线,室外地坪线、外墙轮廓线、屋顶线、门窗位置线,如图3-2(a)所示。

步骤3:画出一些细部构造的位置及各种符号、尺寸标注线等,如门窗洞口位置、窗台、屋檐、台阶、雨棚、雨水管等,如图3-2(b)所示。

步骤4:按要求加深图线,注写尺寸数字、文字说明等,如图3-2(c)所示。

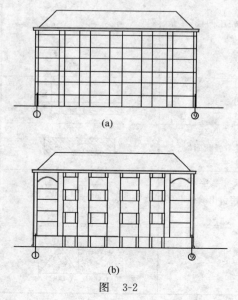

(a)

(b)

图 3-2

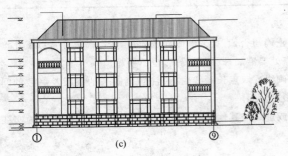

图 3-2　立面图的绘制

标准尺寸应注意的问题		
说　明	对	错
尺寸数字应写在尺寸线的中间,水平尺寸数字应从左到右写在尺寸线上方,竖向尺寸数字应从下到上写在尺寸左侧		
长尺寸在外,短尺寸在内		
不能用尺寸界线作为尺寸线		
轮廓线、中心线可以作为尺寸界线,但不能用于作为尺寸线		
尺寸线倾斜时数字的方向应便于阅读,尽量避免在斜线范围内注写尺寸		
同一张图纸内尺寸数字应大小一致		
在断面图中写数字处,应留空不画断面线		
两尺寸界线之间比较窄时,尺寸数字可注在尺寸界线外侧,或上下错开,或用引出线引出再标注		
桁架式结构的单线图,宜将尺寸直接注在杆件的一侧		

三、建筑剖面图的绘制

1. 图线要求

剖面图除应画出剖切面切到部分的图形外，还应画出沿投射方向看到的部分，被剖切面切到部分的轮廓线用粗实线绘制，剖切面没有切到、但沿投射方向可以看到的部分，用中实线绘制；断面图则只需（用粗实线）画出剖切面切到部分的图形。

剖面图的形成

如果物体的内部形状也比较复杂，则在视图中会出现较多的虚线，甚至虚、实线相互重叠或交叉，致使图形含糊不清也不便于标注尺寸，如下图（a）所示的圆锥形薄壳基础的视图。

下图（b）是假想切去前半个圆锥形薄壳基础后形成的剖面图。剖面图仍是立体的投影。

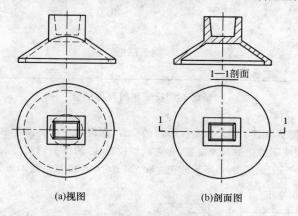

(a)视图　　　　　　　(b)剖面图

圆锥形薄壳基础的视图和剖面图

为此，在工程制图中往往采用剖面图来解决这一问题。用一个平面作为剖切平面，假想把形体切开，移去观看者与剖切平面之间的形体后所得到的形体剩下部分的视图，称为剖面图，简称剖面。下图为台阶剖面图的形成情况。

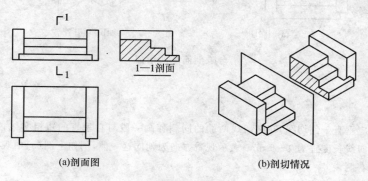

(a)剖面图　　　　　　　(b)剖切情况

台阶剖面图的形成

---

2. 绘制要求

一般先绘制好平面图、立面图，再绘制剖面图，采用与平面图、立面图相同的比例。

（1）画出剖切到的墙体的定位轴线、室内外地坪线、楼面线、屋面线，如图3-3（a）所示。

（2）画出剖切到的墙体、地面、楼板、楼梯等，剖切后可见的构配件轮廓线，各种符号、尺寸标注线等，如门窗、台阶、雨棚等，如图 3-3(b)所示。

（3）加深图线，注写尺寸数字、文字说明等，如图 3-3(c)所示。

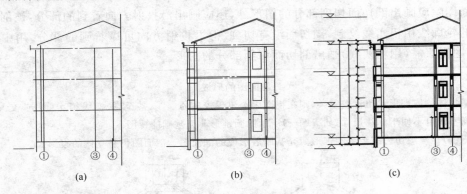

(a)　　　　　　　(b)　　　　　　　(c)

图 3-3　剖面图的绘制

剖面剖切符号和材料图例

1. 剖切位置

一般把剖切平面设置成垂直于某个基本投影面的位置，则剖切平面在该基本投影面上的视图中积聚成一直线，这一直线就表明了剖切平面的位置，称为剖切位置线，简称剖切线。剖切线用断开的两段粗实线表示，长度宜为 6～10 mm，如下图(a)所示的正立面图，剖切线应注意不与图面上的图线相交或重合。

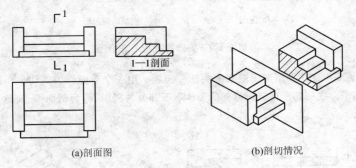

(a)剖面图　　　　　　　(b)剖切情况

台阶剖面图的形成

2. 剖视方向

剖视方向线应垂直于剖切线，在剖切线两端的同侧各画一段与它垂直的短粗实线，称为剖视方向线，简称视向线。视向线长度宜为 4～6 mm，表示观看方向为朝向这一侧，例如上图(a)中观看方向是向右看，故画在剖切线的右侧。

3. 编号

剖面剖切符号的编号，通常都采用阿拉伯数字，并应注写在视向线的端部，并均应水平书写。在剖面图的下方应注写出与其编号对应的图名。需要转折的剖切线，应在转角的外侧加注与该符号相同的编号，如下图所示的 1—1 剖面标注。

4. 材料图例

按国家制图标准规定，画剖面图时在断面部分应画上物体的材料图例，当不注明材料种类时，则可用等间距、同方向的 45°细线（称为图例线）来表示。

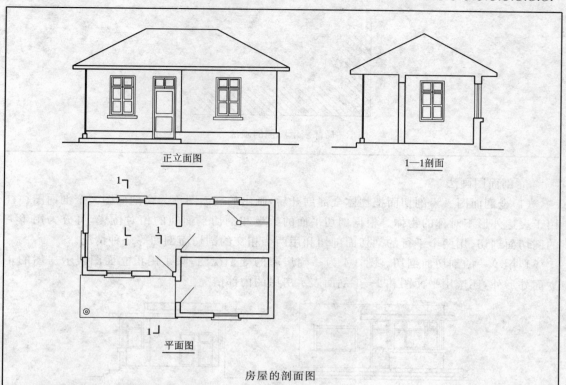

正立面图　　　　　　　　　　1—1剖面

平面图

房屋的剖面图

画材料图例时,应注意以下几点:

(1)图例线应间隔匀称,疏密适度,做到图例正确、表示清楚。

(2)同类材料不同品种使用同一图例时(如混凝土、砖、石材、木材、金属等),应在图上附加必要的说明。

(3)两个相同的图例相接时,图例线宜错开或倾斜方向相反,如下图所示。

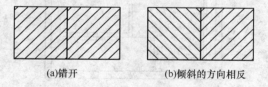

(a)错开　　　　　　　　　(b)倾斜的方向相反

相同图例相接时画法

(4)对于图中狭窄的断面,画出材料图例有困难时,则可予以涂黑表示。两个相邻的涂黑图例间,应留有空隙,其宽度不得小于 0.5 mm,如下图所示。

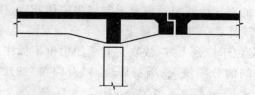

相邻涂黑图例的画法

(5)面积过大的建筑材料图例,可在断面轮廓线内,沿轮廓线局部表示,如下图所示。当一张图纸内的图样,只用一种建筑材料时,或图形小而无法画出图例时,可不画材料图例,但应加文字说明。

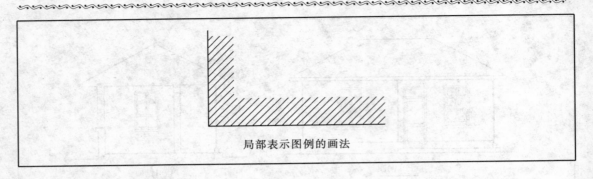

局部表示图例的画法

3. 剖面图画法

(1)全剖面图。沿剖切面把物体全部剖开后,画出的剖面图称为全剖面图。全剖面图往往用于表达外形不对称的物体。根据剖切平面的数量和剖切平面间的相对位置,可分为用单一的剖切面剖切、用两个平行的剖切面剖切和用两个相交的剖切面剖切等 3 种情况。

1)用单一的剖切面剖切。图 3-4 为一幢房屋的 3 个视图,除了用正立面图表示房屋的正立面外形外,还选用平面图和 1—1 剖面表示房屋的内部情况。

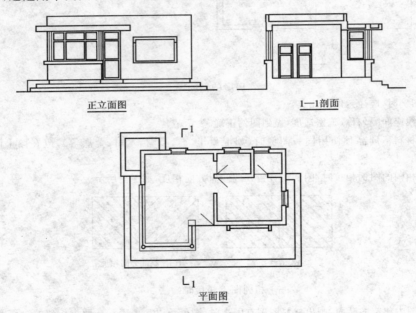

正立面图　　　　　　　　　　　　　1—1剖面

平面图

图 3-4　房屋的正立面图、平面图和 1—1 剖面图

平面图是由一个水平的剖切面假想沿窗台上方将房屋切开后,移去上面部分,再向下投影而得到,其形成如图 3-5 所示。该平面图实际上是一个全剖面图,但在房屋图中习惯上称为平面图,因其水平剖切面总是位于窗台上方,故在正立面图中也不标注剖面剖切符号。平面图能清楚地表达房屋内部各房间的分隔情况、墙身厚度,以及门窗(按规定的建筑图例画出)的数量、位置和大小。

图 3-4 中所示的 1—1 剖面也是一个全剖面图,假想用一个平行于侧立投影面的剖切平面将房屋切开,移去房屋的左面部分,再从左向右投影而得,如图 3-6 所示。1—1 剖面清楚地表达了屋顶、雨棚、门窗、台阶的高度和形状。1—1 剖切符号一般标注在平面图上。

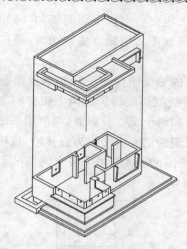

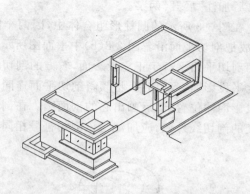

图 3-5　房屋平面图的形成示意图　　　　图 3-6　房屋剖面图的形成示意图

由于采用了两个全剖面图,房屋的内部情况已表达清楚,所以在正立面图中只要画出房屋的外形,不必画出表示内部形状的虚线。在剖面图中剖切平面剖到的砖墙和构件部分,要画出表示其建筑材料的图例。如图形比较小,也可省略不画。剖切到部分的轮廓线用粗实线绘制;剖切面没有切到但沿投射方向可以看到的部分,用中实线绘制,如图 3-4 所示。

2)用两个平行的剖切面剖切。当用一个剖切平面剖切物体时,不能把物体内部前后、左右或上下位置的内部构造表达清楚,又由于这个物体并不很复杂,无需画两个单一剖面图时,假想把剖切平面作适当转折,即把两个需要的平行剖切平面联系起来,成为阶梯状,把观看者与剖切平面之间的那部分物体移去,然后画出剖面图,如图 3-7 所示的 1—1 剖面。由平面图上转折的剖切线,可知侧面图是两个平行剖切平面剖切后所得到的剖面图。平面图中剖切平面转折是为了同时剖到前墙上的门和后墙上的窗。由于剖切是假想的,因此在剖面图中不应画出两个剖切平面的分界交线。需要转折的剖切线,应在转角的外侧加注与该符号相同的编号。

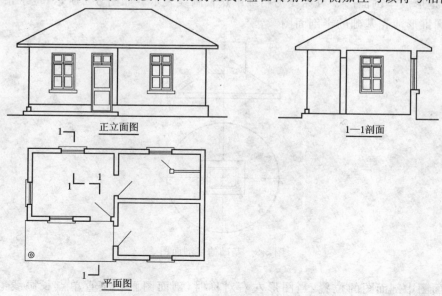

图 3-7　房屋的剖面图

3)用两个相交的剖切面剖切。一个物体用两个相交的剖切平面剖切,并将倾斜于基本投影面的剖面旋转到平行于基本投影面后得到一个剖面图。用此方法剖切时,应在该剖面图的图名后加注"展开"两字。

在图3-8所示的圆柱形组合体中,因两个圆孔的轴线不位于平行基本投影面的一个平面上,故把剖切平面沿着图3-8(b)中平面图所示的转折剖切线转折成两个相交的剖切平面。左方的剖切平面平行于正立投影面,右方的剖切平面倾斜于正立投影面,两剖切平面的交线垂直于水平投影面。剖切后,将倾斜剖切平面连同它上面的剖面以交线为旋转轴,旋转成平行于正立投影面的位置,然后画出它的剖面图。在剖面图中不应画出两个相交剖切平面的交线。在相交的剖切线外侧,应加注与该剖切符号相同的编号。

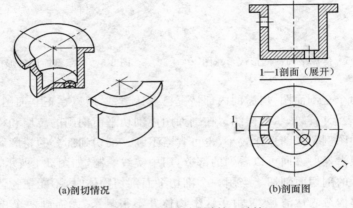

(a)剖切情况　　　　　　　(b)剖面图

图3-8　用两个相交的剖切面剖切

(2)半剖面图。一个物体由视图和剖面图各占一半合成的图样,称为半剖面图。

当物体具有对称平面,则沿着对称平面的方向观看物体时,所得到的视图或全剖面图亦均对称。因而可以对称线为界,一半为表示物体外部形状的视图,另一半为表示物体内部形状的剖面图,于是形成半剖面图。对称线仍用细单点长画线表示。如图3-9所示,位于正立面图位置的就是圆锥形薄壳基础的半剖面图。

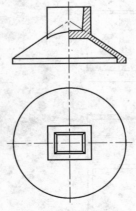

图3-9　基础的半剖面图

半剖面图中剖面图的位置:当图形左右对称时,剖面图画在竖直单点长画线的右方,如图3-9所示的位于正立面位置的半剖面图和图3-10所示的位于正立面图和左侧立面图位置的半剖面图。当图形上下对称时,剖面图画在水平单点长画线的下方,如图 3-10 所示的位于平面图位置的半剖面图和图 3-11 所示的瓦筒的半剖面图。

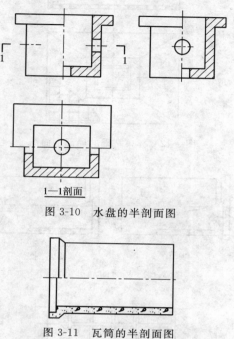

1—1剖面

图 3-10　水盘的半剖面图

图 3-11　瓦筒的半剖面图

当剖切平面与物体的对称平面重合,且半剖面图位于基本视图的位置时,可以不予标注剖面剖切符号。如图 3-9 所示的正立面图位置的半剖面图和图 3-10 所示的正立面图和左侧立面图位置的半剖面图,均不标注剖面剖切符号。当剖切平面不通过物体的对称平面时,则应标注剖切线和视向线。若半剖面图处于基本视图的位置时,也可不必标注视向线。但有时为明显起见,仍可标注出完整的剖面剖切符号。如对于图 3-10 中处于平面图位置的 1—1 剖面,就标注了剖切线和视向线。

剖面图中虽然一般不画虚线,但圆柱、圆孔等的轴线仍应画出,如图 3-10 所示中的正立面图的左方,画有圆孔的水平轴线。对于外形简单的物体,虽然内外形状均是对称的,有时仍可画成全剖面图。

(3)局部剖面图。物体被局部地剖切后得到的剖面图,称为局部剖面图。局部剖面适用于仅有一小部分需要用剖面图表示的场合,即用于没有必要用全剖面图或半剖面图的情况,且剖切较为随意。因为局部剖面图的大部分仍为表示外形的视图。故仍用原来视图的名称,且不标注剖切符号。局部剖面与外形视图之间用波浪线分界,波浪线不能与轮廓线或中心线重合且不能超出外形轮廓线。

图 3-12 为杯形基础的局部剖面图,平面图右下角的局部剖面反映了该基础底板内钢筋的布置情况。在图 3-13 瓦筒的局部剖面图中,图 3-13(a)中波浪线因两端超出瓦筒的外形,因而是错误的;图 3-13(b)中波浪线的画法才是正确的。

若局部剖面的层次较丰富,可应用分层局部剖切的方法,画出分层剖切剖面图,如图3-14所示。图中隔墙的材料由表及里按层次剖切,以波浪线将各层隔开,注意波浪线不应与任何图线重合。

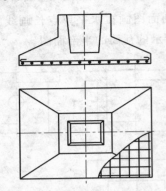

图 3-12　杯口基础的局部剖面图

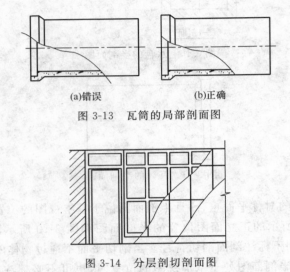

(a)错误　　　　　　　　(b)正确

图 3-13　瓦筒的局部剖面图

图 3-14　分层剖切剖面图

画剖面图的注意事项:

　　(1)剖切面位置的选择,除应经过物体需要剖切的位置外,应尽可能平行于基本投影面,或将倾斜剖切面旋转到平行于基本投影面上,此时应在该剖面图的图名后加注"展开",并把剖切符号标注在与剖面图相对应的其他视图上。

　　(2)因为剖切是假想的,因此除剖面图外,其余视图仍应按完整物体来画。若一个物体需要几个剖面图来表示时,各剖面图选用的剖切面互不影响,各次剖切都是按完整物体进行的。

　　(3)剖面图中已表达清楚的物体内部形状,在其他视图中投影为虚线时,一般不必画出;但对没有表示清楚的内部形状,仍应画出必要的虚线。

　　(4)剖面图一般都要标注剖切符号,但当剖切平面通过物体的对称平面,且剖面图又处于基本视图的位置时,可以省略标注剖面剖切符号。

四、楼梯图的绘制

　　1. 楼梯平面图的绘制

　　各层楼梯平面图可采用画平行格线的方法,较为简便和准确,所画的每一分格,表示梯段的一级踏面。由于梯段端头一级的踏面与平台面或楼面重合,所以平面图中每一梯段画出的踏面格数比该梯段的级数少一,即楼梯梯段长度＝每一级踏步宽×(梯段级数－1)。

现以顶层楼梯平面图(图 3-15)为例,说明其具体作图步骤。

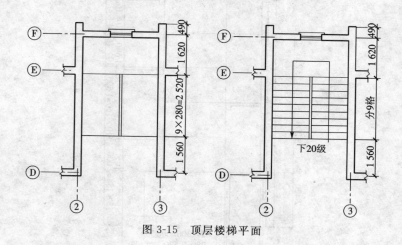

图 3-15　顶层楼梯平面

步骤 1:根据楼梯平台宽度,先定出平台线;再由平台线以踏步数减 1 乘以踏级宽度,得出梯段另一端的梯级起步线。本例梯段踏级数为 10,踏级宽度为 280 mm,则平台线至梯段另一端起步线的水平距离为(10－1)×280＝2 520 mm。

步骤 2:采用图 3-16 等分两已知平行线间距离的方法来分格。

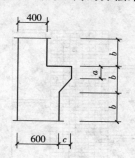

构件编号	a	b	c
Z–1	200	200	200
Z–2	250	450	200
Z–3	200	450	250

图 3-16　相似构配件尺寸表格式标注方法

2. 楼梯剖面图的绘制

各层楼梯剖面图也是利用侧平行格线的方法来绘制的,所画的水平方向的每一分格表示梯段的一级踏面宽度;竖向的每一分格表示一个踏步的高度,竖向格数与梯段踏步数相同。具体作法如图 3-17 及图 3-18 所示。实际上只要画出靠近梯段的分格线即可。

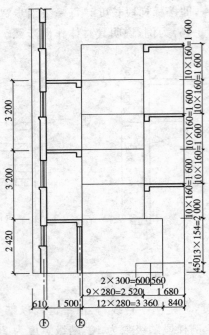

图 3-17　各梯段的水平长度和竖向高度

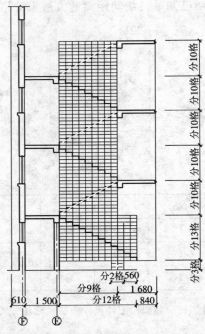

图 3-18　楼梯剖面图踏级分格方法

楼梯剖面图的画法如下所述。

步骤 1：画出各层楼面和平台及楼板的断面。

步骤 2：根据各层梯段的踏级数，竖向分成 5 个 10 格及 1 个 13 格、1 个 3 格；水平方向中的分格数，应是级数减一，例如底层 13 级的梯段分成 12 格，图 3-19(a)为楼梯间的全剖面图，

图 3-19(b)为 1—1 剖面的空间情况。

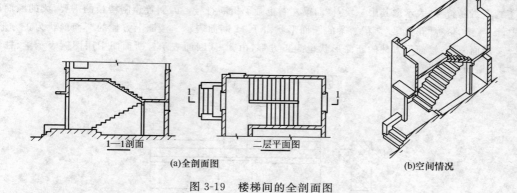

(a)全剖面图　　　　　　　　　　　　　　　　(b)空间情况

图 3-19　楼梯间的全剖面图

断面图的形式与画法

1.断面图的形成

当用剖切平面剖切物体时,仅画出剖切平面与物体相交的图形称为断面图,简称断面。下图为台阶踏步断面图,相当于画法几何中的截断面。可见,断面图仅仅是一个"面"的投影,而剖面图是物体被剖切后剩下部分的"体"的投影。

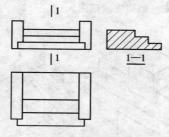

台阶踏步的断面图

2.断面图的画法

根据断面图在视图中的位置,可分为移出断面图、重合断面图和中断断面图 3 种。

(1)移出断面图。

位于视图以外的断面,称为移出断面图。

上图中台阶的 1—1 断面画在正立面图右侧,称为移出断面图。移出断面的轮廓线用粗实线画出。

下图(a)为一角钢的移出断面图,断面部分用钢的材料图例表示。当移出断面形状对称,且断面图的对称中心线位于剖切线的延长线时,则剖切线可用单点长画线表示,且不必标注剖切符号和断面编号,如下图(b)所示。

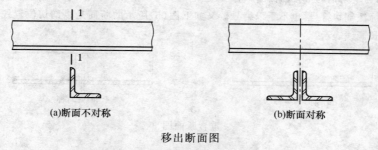

(a)断面不对称　　　　　　　　　　　　　　(b)断面对称

移出断面图

下图是钢筋混凝土梁、柱节点的正立面图和移出断面图。从柱基起直通楼面,现在正立面图中柱的上、下画了折断符号,表示取其中一段,楼面梁左右也画了折断符号。因搁置预制楼板的需要,梁的断面设计成"十"字形,俗称"花篮梁"。花篮梁的断面形状由1—1断面表示。楼面上方柱的断面形状为正方形,由2—2断面表示;楼面下方柱的断面形状也为正方形,由3—3断面表示。断面图中用图例表示梁、柱的材料均为钢筋混凝土。

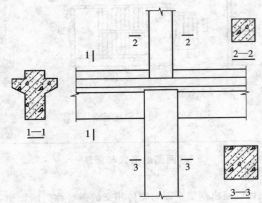

梁、柱节点的视图和断面图

下图为钢筋混凝土梁、柱节点的俯视和仰视轴测图。

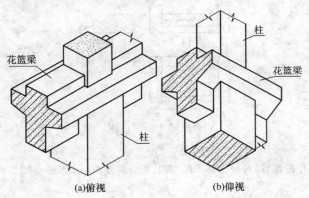

(a)俯视　　　(b)仰视

梁、柱节点的轴测图

(2)重合断面图。

重叠在视图之内的断面图,称为重合断面图。

下图(a)所示为一角钢的重合断面图,它是假想把剖切得到的断面图形,绕剖切线旋转后,重合在视图内而成。通常不标注剖切符号,也不予以编号。又如下图(b)所示的断面是以剖切位置线为对称中心线,剖切线改用单点长画线表示。

(a)断面不对称　　　(b)断面对称

重合断面图

为了与视图轮廓线相区别,重合断面的轮廓线用细实线画出。当原视图中的轮廓线与重合断面的图线重叠时,视图中的轮廓线仍用粗实线完整画出,不应断开。断面部分应画上相应的材料图例。

下图所示为屋面结构的梁、板断面重合在结构平面图上的情况。因梁、板断面图形较窄,不易画出材料图例,故予以涂黑表示。

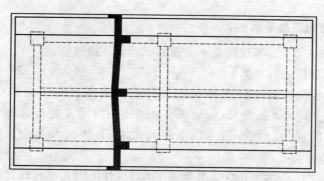

结构梁、板重合断面图

(3)中断断面图。

位于视图中断处的断面图,称为中断断面图。

如下图所示的角钢较长,且沿全长断面形状相同,可假想把角钢中间断开画出视图,而把断面布置在中断位置处,这时可省略标注断面剖切符号等。中断断面图可视作为移出断面图的特殊情况。

中断断面图

下图所示为钢屋架杆件的中断断面图。

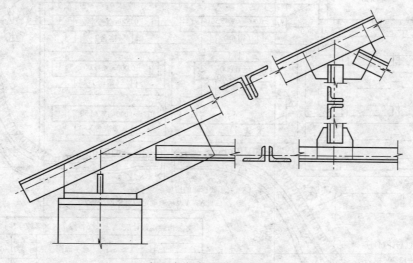

钢屋架杆件中断断面图

第二节　建筑总平面图识读

一、应用实例

实例1　空旷地建筑总平面图

假设所建场地为空旷地,其建筑总平面图的识读如下所述。

(1)根据总图到现场进行草测。

草测就是为初步探测实地情况而做的工作。一般只要用一只指南针,一根30 m的皮尺,一支以3：4：5钉制的角尺(每边长1.5 m左右)即可进行。测定时可利用原有的与总图上所标相符的地物、地貌,再用指南针大致定向,用皮尺及角尺粗略地确定新建筑的位置。

1)假如所建场地为一片空旷地,如图3-20所示(设计图上无原有建筑)。草测时可以将南边的河道岸边作为 X 坐标,其 X 值可以从图上按比例量一量,约为 $X=13\,740$,由该处向北丈量 $70\sim80$ m,在该区域中无影响建造的障碍或高压电线;然后以河道转弯处算做 $Y=44\,000$ 的起始线,往西丈量 $100\sim120$ m无障碍,那么说明该总图符合现场实际,施工不会发生困难,如图3-21所示。

2)假如在旧有建筑中建新房,这时的草测就更简单些。只要丈量原有建筑之间的距离,能容下新建筑的位置,并在它们之间又有一定安全或光照距离,那么是可以进行施工的。

如果在草测中发现设计的总图与实地矛盾较大,施工单位必须向建设单位、设计部门发出通知,请两方人员一起到现场核实,再由建设单位和设计单位做出解决矛盾的处理意见。只有在正式改正通知取得后,才能定位放线进行施工。

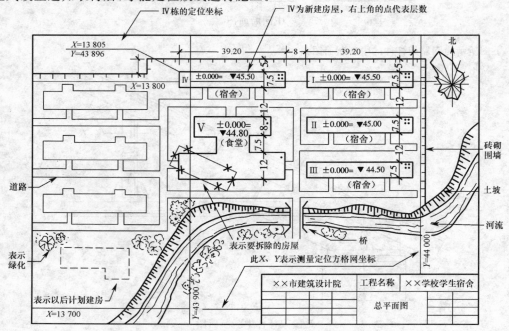

图3-20　建筑总平面图1:1 000

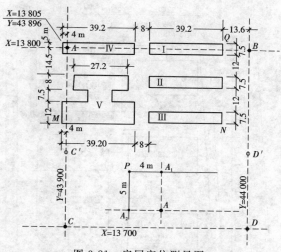

图 3-21　房屋定位测量图

（2）新建房屋的定位。

看了总平面图之后，了解了房屋的方位、坐标，就可以把房屋从图纸上"搬"到地上面，这就叫房屋的定位。这也是看懂总平面图后的实际应用，当然真正放出灰线可以挖土施工，还要看基础平面图和房屋首层的平面图。

根据总平面图的位置，初步草测确定房屋位置的方法见表 3-1。

表 3-1　初步草测确定房屋位置的方法

方　　法	内　　　　容
仪器定位法	（1）将仪器（经纬仪）放在已给出的方格网交点上（如图 3-20 所示中 $X=13\,800$、$Y=43\,900$，和 $X=13\,700$、$Y=44\,000$ 处），$X=13\,800$ 线和 $Y=43\,900$ 线交于 A 点（图 3-21）。将仪器先放在 A 点（一般这种点都有桩点桩位），前视 C 点，后倒镜看 A_1 点，并量取 A_1 到 A 的尺寸为 5 m，固定 A_1 点。5 m 这值是根据Ⅳ号房角已给定的坐标 $X=13\,805$ 和 A 点的 $X=13\,800$ 而得到的（$13\,805-13\,800=5$ m）。再由 A 点用仪器前视看 B 点，倒镜再看 A_2 点，并量取 4 m 尺寸将 A_2 点固定（总平面上尺寸单位为 m，前面已讲过） （2）将仪器移至 A_1 点，前视 A 或 C 点（其中一点可做检验），后转 90°看得 P 点并量出 4 m 将 P 点固定，这 P 点也就是规划给定的坐标定位点 （3）将仪器移至 P 点，前视 A_2 点可延伸至 M 点，前视 A_1 点可延伸到 Q 点，并用量尺的方法将 Q、M 点固定，再将仪器移到 Q 或 M 将Ⅳ点固定后，这 5 栋房屋的大概位置均已定了。由于是粗略草测定位，用仪器定位只要确定几个控制点就可以了。其中每栋房屋的草测可以用"三、四、五"放线方法粗略定位
"三、四、五" 定位法	这个定位方法实际是利用勾股弦定律，按 3∶4∶5 的尺寸制作一个角尺，使转角达到 90°角的目的，定位时只要用角尺、钢尺、小线三者就可以初步草测出房屋外围尺寸、外框形状和位置 　　"三、四、五"定位法，是工地常用的一种简易定位法，其优点是简便、准确

实例 2　办公区的局部总平面图

图 3-22 为某单位办公区局部总平面图。从图中能获取的内容如下所述。

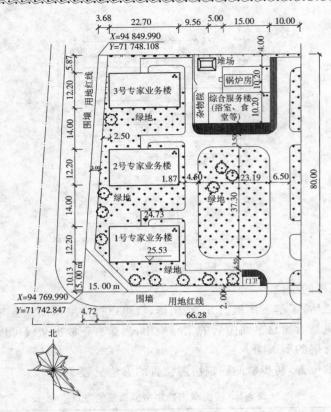

图 3-22　总平面图

　　图 3-22 是某单位办公区的局部总平面图,该总平面图比例为 1:500,图中围墙前面为规划红线。图中 3 栋专家业务楼为新建建筑物,都是 3 层,都朝北。在 3 号楼东边有一个杂物院,院中有已建的锅炉房和综合服务楼。

　　从图中可以看出整个区域比较平坦,室外标高为 24.730 m,室内地面标高为 25.530 m。图中分别在西南和西北的围墙处给出两个坐标用于 3 栋楼定位,各楼具体的定位尺寸在图中都已标出。3 栋楼的长度为 22.7 m,宽度为 12.2 m。建筑物周围有绿地和道路。

二、基础知识

1. 概述

总平面图的一般内容包括。

(1)图名、比例。

(2)应用图例来表明新建区、扩建区或改建区的总体布置,表明各建筑物和构筑物的位置、道路、广场、室外场地和绿化等的布置情况以及各建筑物的层数等。在总平面图上一般应画上所采用的主要图例及其名称。

(3)确定新建或扩建工程的具体位置,一般根据原有房屋或道路来定位,并以米为单位标注出定位尺寸。

当新建成片的建筑物和构筑物或较大的公共建筑或厂房时,往往用坐标来确定每一建筑物及道路转折点等的位置。对地形起伏较大的地区,还应画出地形等高线。

（4）注明新建房屋底层室内地面和室外整平地面的绝对标高。

（5）画上风向频率玫瑰图及指北针，来表示该地区的常年风向频率和建筑物、构筑物等的朝向，有时也可只画单独的指北针。

2.建筑设计总说明

建筑设计总说明通常放在图纸目录后面或建筑总平面图后面，它的内容根据建筑物的复杂程度有多有少，但一般应包括设计依据、工程概况、工程做法等内容，见表 3-2。

表 3-2　建筑设计总说明的内容

项　目	内　容
设计依据	施工图设计过程中采用的相关依据。主要包括建设单位提供的设计任务书，政府部门的有关批文、法律、法规，国家颁布的一些相关规范、标准等
工程概况	工程的一些基本情况。一般应包括工程名称、工程地点、建筑规模、建筑层数、设计标高等一些基本内容； （1）建筑面积。建筑物外墙皮以内的各层面积之和； （2）占地面积。建筑物底层外墙皮以内的面积之和
工程做法	介绍建筑物各部位的具体做法和施工要求，一般包括屋面、楼面、地面、墙体、楼梯、门窗、装修工程、踢脚、散水等部位的构造做法及材料要求，若选自标准图集，则应注写图集代号，除了文字说明的形式，对某些说明也可采用表格的形式。通常工程做法当中还包括建筑节能、建筑防火等方面的具体要求

3.识读

（1）总平面图的形成及用途。

总平面图是整个建设区域由上向下按正投影的原理投影到水平投影面上得到的正投影图。总平面图用来表示一个工程所在位置的总体布置情况，是建筑物施工定位、土方施工及绘制其他专业管线总平面图的依据。

总平面图一般包括的区域较大，因此应采用 1∶300、1∶500、1∶1 000、1∶2 000 等较小的比例绘制。在实际工程中，总平面图经常采用 1∶500 的比例。由于比例较小，故总平面图中的房屋、道路、绿化等内容无法按投影关系真实地反映出来，因此这些内容都用图例来表示。在实际中如果需要用自定图例，则应在图纸上画出图例并注明其名称。

（2）总平面图的主要内容。

总平面图的主要内容见表 3-3。

表 3-3　总平面图的主要内容

项　目	内　容
规划红线	在总平面图中，表示由城市规划部门批准的土地使用范围的图线称为规划红线。一般采用红色的粗点画线表示。任何建筑物在设计施工时都不能超过此线
绝对标高、相对标高	（1）绝对标高：我国把青岛测潮站 1950～1956 年观测结果求得的黄海平均海水面定为绝对标高的零点，各地以此为基准所得到的标高称为绝对标高； （2）相对标高：在建筑物设计与施工时通常以建筑物的首层室内地面的标高为零点，所得到的标高称为相对标高。 在总平面图中通常都采用绝对标高，在总平面图中，一般需要标出室内地面，即相对标高的零点相当于绝对标高的数值，且建筑物室内外的标高符号不同

续上表

项　目	内　容
建筑物	总平面图中的建筑物有 4 种情况,新建建筑物用粗实线表示,原有建筑物用细实线表示,计划扩建的预留地或建筑物用中粗虚线表示,拆除的建筑物用细实线表示并在细实线上画叉。在新建建筑物的右上角用点数或数字表示层数。在阅读总平面图时要注意区分这几种建筑物。 　　在总平面图中要表示清楚新建建筑物的定位。新建建筑物的定位一般采用两种方法:一是按原有建筑物或原有道路定位;二是按坐标定位。总平面图中的坐标分为测量坐标和施工坐标。 　　测量坐标:测量坐标是国家相关部门经过实际测量得到的画在地形图上的坐标网,南北方向的轴线为 X,东西方向的轴线为 Y。 　　施工坐标:施工坐标是为了便于定位,将建筑区域的某一点作为原点,沿建筑物的横墙方向为 A 向,纵墙方向为 B 向的坐标网
建筑物周围环境	整个建设区域所在位置、周围的道路情况、区域内部的道路情况。由于比例较小,总平面图中的道路只能表示出平面位置和宽度,不能作为道路施工的依据。 　　整个建设区域及周围的地形情况、表示地面起伏变化通常用等高线表示,等高线是每隔一定高度的水平面与地形面交线的水平投影并且在等高线上注写出其所在的高度值。等高线的间距越大,说明地面越平缓,等高线的间距越小,说明地面越陡峭。等高线上的数值由外向内越来越大表示地形凸起,等高线上的数值由外向内越来越小表示地形凹陷。 　　整个建设区域及周围的地物情况,如水木、草地、电线杆、设备管井等。 　　总平面图中通常还有指北针和风向频率玫瑰图

（3）总平面图的阅读。

1）在阅读总平面图之前要先熟悉相应图例。熟悉图例是阅读总平面图应具备的基本知识。

2）查看总平面图的比例和风向频率玫瑰图,确定总平面图中的方向,找出规划红线,确定总平面图所表示的整个区域中土地的使用范围。

3）查找新建建筑物按照图例的表示方法找出并区分各种建筑物。根据指北针或坐标确定建筑物方向。根据总平面图中的坐标及尺寸标注查找出新建建筑物的尺寸及定位依据。

4）了解建筑物周围环境及地形、地物情况,以确定新建建筑物所在的地形情况及周围地物情况。了解总平面图中的道路、绿化情况,以确定新建建筑物建成后的人流方向和交通情况及建成后的环境绿化情况。

第三节　建筑平面图识读

一、应用实例

实例　培训大楼各层平面图

图 3-23～图 3-26 为某地培训大楼的各层平面图。

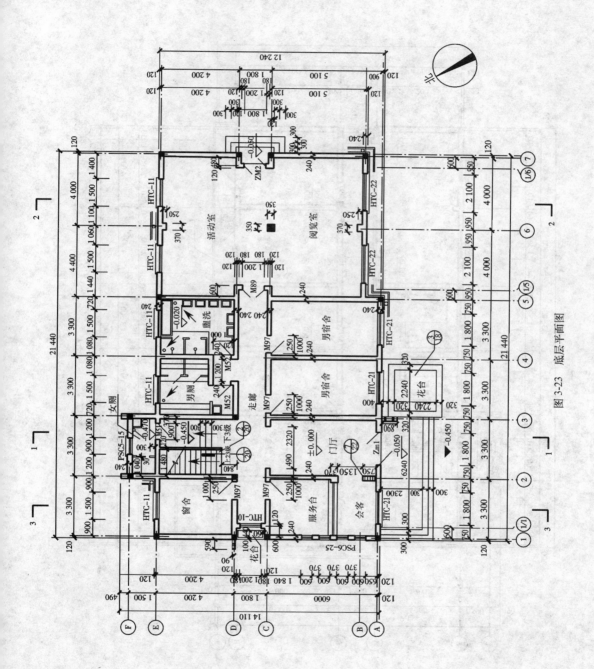

图 3-23 底层平面图

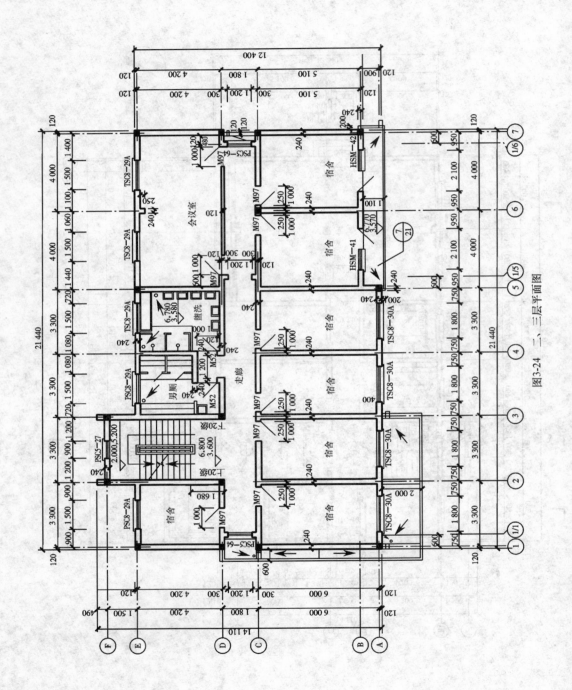

图3-24 二、三层平面图

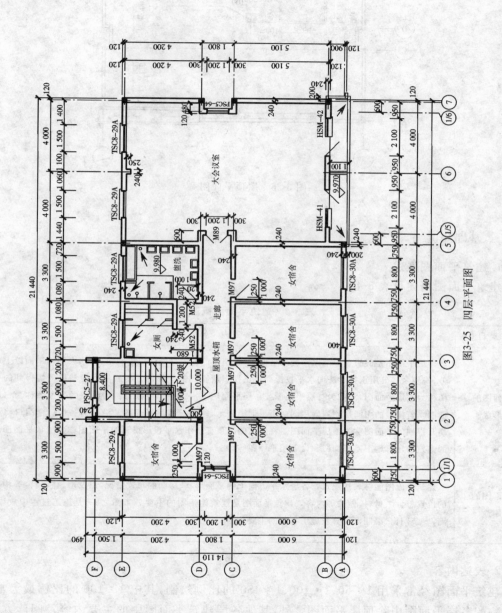

图3-25 四层平面图

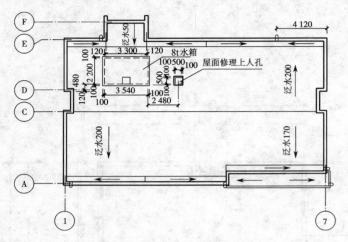

图 3-26　屋顶平面图

二、基础知识

1.建筑平面图概述

建筑平面图概述见表 3-4。

表 3-4　建筑平面图概述

项　目	内　容
平面图的 形成	建筑平面图是假想用一个水平剖切平面,在建筑物门窗洞口处将房屋剖切开,移去剖切平面以上的部分,将剩余部分用正投影法向水平投影面作正投影所得到的投影图。沿底层门窗洞口剖切得到的平面图称为底层平面图,又称为首层平面图或一层平面图。沿二层门窗洞口剖切得到的平面图称为二层平面图。若房屋的中间层相同则用同一个平面图表示,称为标准层平面图。沿最高一层门窗洞口将房屋切开得到的平面图称为顶层平面图。将房屋的屋顶直接作水平投影得到的平面图称为屋顶平面图。有的建筑物还有地下室平面图和设备层平面图等
平面图的 用途	建筑平面图能够表达建筑物各层水平方向上的平面形状、房间的布置情况,以及墙、柱、门窗等构配件的位置、尺寸、材料、做法等内容。建筑平面图是建筑施工图的主要施工图之一,是施工过程中放线、砌墙、安装门窗、编制概预算及施工备料的主要依据

2.表达内容

建筑平面图经常采用 1∶50、1∶100、1∶150 的比例绘制,其中 1∶100 的比例最为常用。建筑物的各层平面图中除顶层平面图之外,其他各层建筑平面图中的主要内容及阅读方法基本相同。下面以底层平面图为例介绍平面图的主要内容,见表 3-5。

表 3-5　建筑平面图的表达内容

项　目	内　容
建筑物朝向	建筑物朝向是指建筑物主要出入口的朝向,主要入口朝哪个方向就称建筑物朝哪个方向,建筑的朝向由指北针来确定,指北针一般只画在底层平面图中

项　目	内　容
墙体、柱	在平面图中墙、柱是被剖切到的部分。墙、柱在平面图中用定位轴线来确定其平面位置,在各层平面图中定位轴线是对应的。在平面图中剖切到的墙体通常不画材料图例,柱子用涂黑来表示。平面图中还应表示出墙体的厚度(墙体的厚度指的是墙体未包含装修层的厚度)、柱子的截面尺寸及与轴线的关系
建筑物的平面布置情况	建筑物内各房间的用途,各房间的平面位置及具体尺寸。横向定位轴线之间的距离称为房间的开间,纵向定位轴线之间的距离称为房间的进深
门窗	在平面图中,门窗用图例表示,见表3-6。为了表示清楚,通常对门窗进行编号。门用代号"M"表示,窗用代号"C"表示,编号相同的门窗,做法、尺寸都相同。在平面图中门窗只能表示出宽度,高度尺寸要到剖面图、立面图或门窗表中查找
楼梯	由于平面图比例较小,楼梯只能表示出上下方向及级数,详细的尺寸做法在楼梯详图中表示。在平面图中能够表示楼梯间的平面位置、开间、进深等尺寸
标高	在底层平面图中,通常表示出室内地面和室外地面的相对标高。在标准层平面图中,不在同一个高度上的房间都要标出其相对标高
附属设施	在平面图中还有散水、台阶、雨棚、雨水管等一些附属设施。这些附属设施在平面图中按照所在位置有的只出现在某层平面图中,如台阶、散水等只在底层平面图中表示,在其他各层平面图中则不再表示。附属设施在平面图中只表示平面位置及一些平面尺寸,具体做法则要结合建筑设计说明查找相应详图或图集
尺寸标注	平面图中标注的尺寸分内部尺寸和外部尺寸两种。内部尺寸一般标注一道,表示墙厚,墙与轴线的关系,房间的净长、净宽以及内墙上门窗大小及与轴线的关系。外部尺寸一般标注3道。最里边一道尺寸标注门窗洞口尺寸及与轴线关系,中间一道尺寸标注轴线间的尺寸,最外边一道尺寸标注房屋的总尺寸

表 3-6　建筑构造及配件图例

名称	图例	说明
墙体	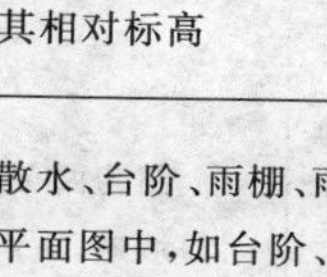	(1)上图为外墙,下图为内墙。 　　(2)外墙细线表示有保温层或有幕墙。 　　(3)应加注文字或涂色或图案填充表示各种材料的墙体。 　　(4)在各层平面图中防水墙宜着重以特殊图案填充表示
隔断		(1)加注文字或涂色或图案填充表示各种材料的轻质隔断。 　　(2)知用于到顶与不到顶隔断
栏杆		—

续上表

名称	图例	说明
楼梯	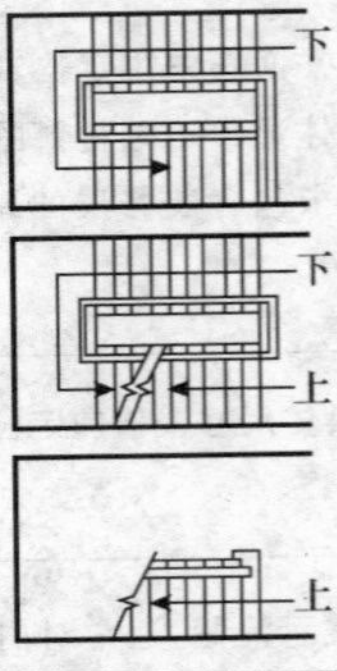	(1)上图为顶层楼梯平面,中图为中间层楼梯平面,下图为底层楼梯平面。 (2)需设置靠墙扶手或中间扶手时,应在图中表示
坡道	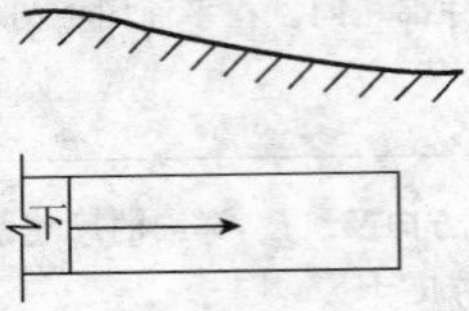	长坡道
坡道	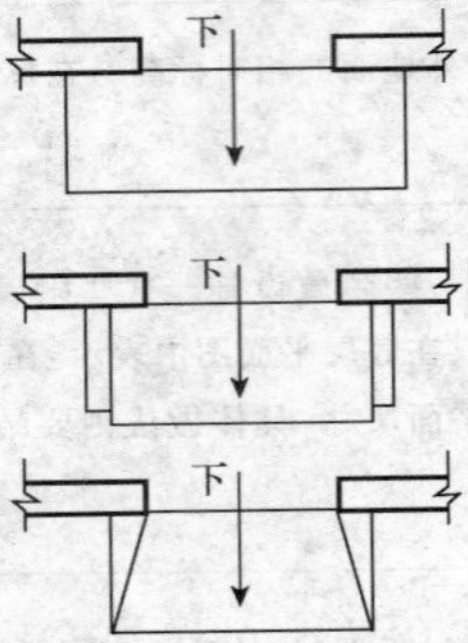	上图为两侧垂直的门口坡道,中图为有挡墙的门口坡道,下图为两侧找坡的门口坡道
检查口		左图为可见检查口,右图为不可见检查口
平面高差	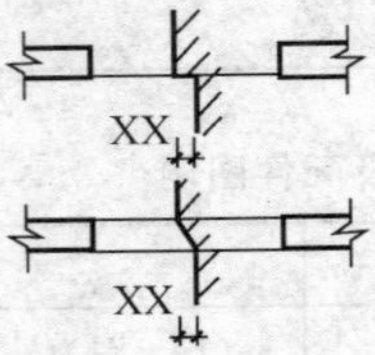	适用于高差小于100的两个地面或楼面相接处
墙预留洞、槽	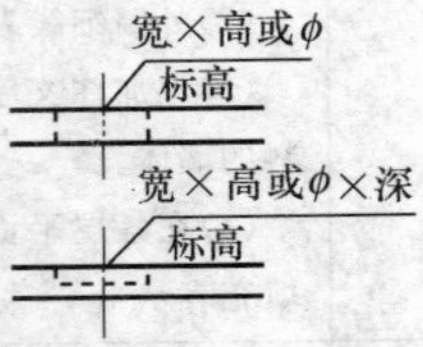	(1)上图为预留洞,下图为预留槽。 (2)平面以洞(槽)中心定位。 (3)标高以洞(槽)底或中心定位。 (4)宜以涂色区别墙体和预留洞(槽)
自动扶梯	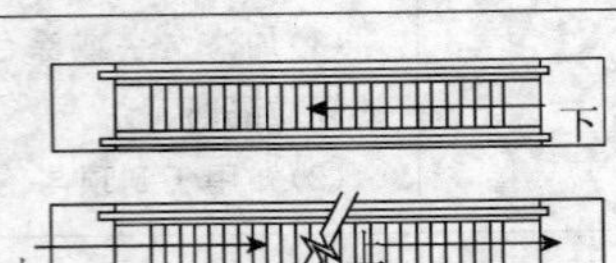	箭头方向为设计运行方向

续上表

名称	图例	说　明
电梯	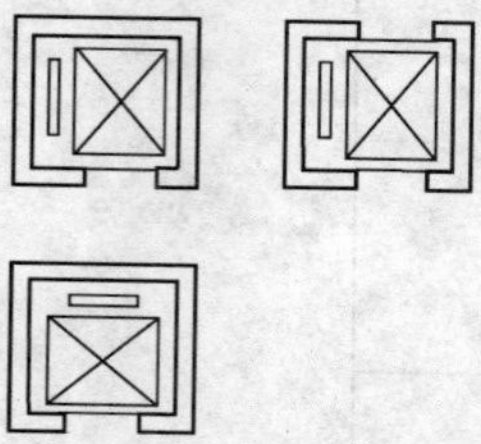	(1)电梯应注明类型，并按实际绘出门和平行锤或导轨的位置。 (2)其他类型电梯应参照本图例按实际情况绘制
立转窗	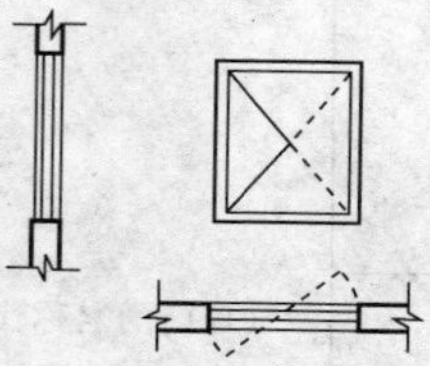	
单层外开平开窗	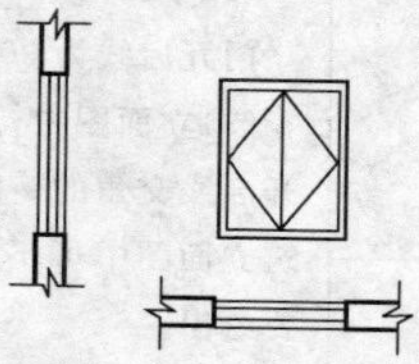	(1)窗的名称代号用C表示。 (2)平面图中，下为外，上为内。 (3)立面图中，开启线实线为外开，虚线为内开。开启线交角的一侧为安装合页一侧。开启线在建筑立面图中可不表示，在门窗立面大样图中需绘出。 (4)剖面图中，左为外、右为内。虚线仅表示开启方向，项目设计不表示。 (5)附加纱窗应以文字说明，在平、立、剖面图中均不表示。 (6)立面形式应按实际情况绘制
单层内开平开窗	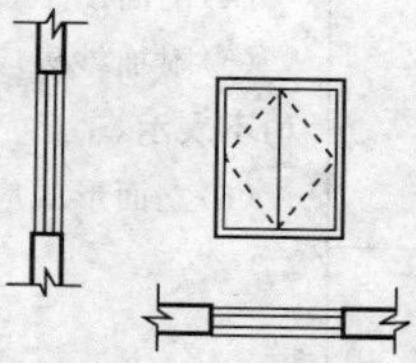	
单层推拉窗	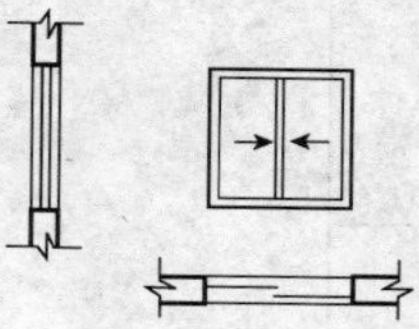	
双层推拉窗	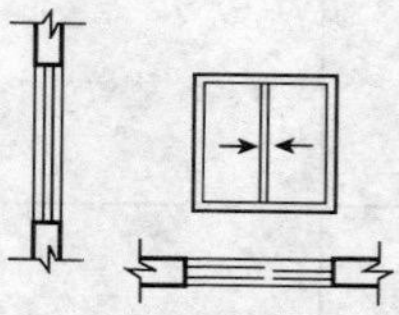	
高窗	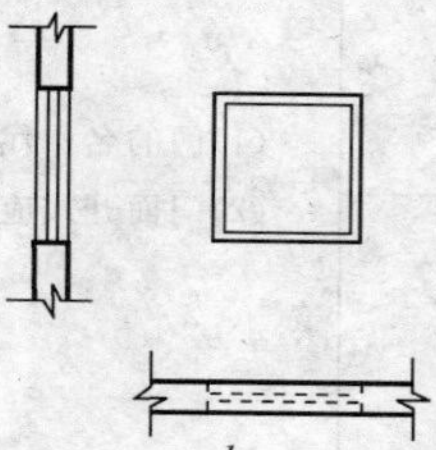 $h=$	(1)窗的名称代号用C表示。 (2)立面图中，开启线实线为外开，虚线为内开。开启线交角的一侧为安装合页一侧。开启线在建筑立面图中可不表示，在门窗立面大样图中需绘出。 (3)剖面图中，左为外、右为内。 (4)立面形式应按实际情况绘制。 (5)h表示高窗底距本层地面高度。 (6)高窗开启主式参考其他窗型

名称	图例	说明
单扇门（包括平开或单面弹簧）	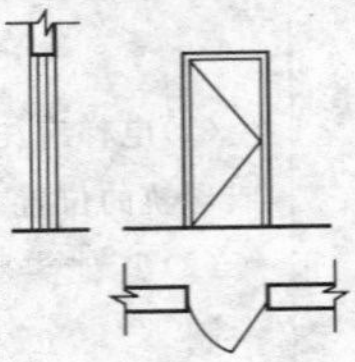	
双扇门（包括平开或双面弹簧）	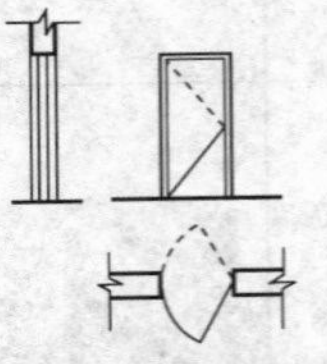	
双层单面弹簧门	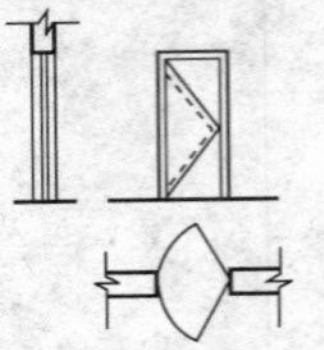	(1)门的名称代号用 M 表示。 (2)平面图中,下为外,上为内。 门开启线为 90°、60° 或 45°,开启弧线宜绘出。 (3)立面图中,开启线实线为外开,虚线为内开。开启线交角的一侧为安装合页一侧。开启线在建筑立面图中可不表示,在立面大样图中可根据需要绘出。 (4)剖面图中,左为外,右为内。 (5)附加纱扇应以文字说明,在平、立、剖面图中均不表示。 (6)立面形式应按实际情况绘制
双扇双面弹簧门	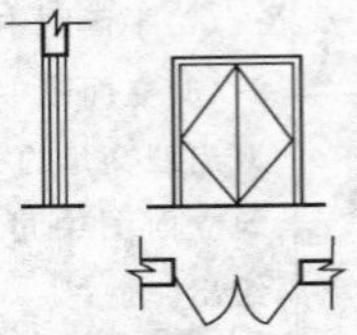	
双面开启双扇门（包括双面平开或双面弹簧）	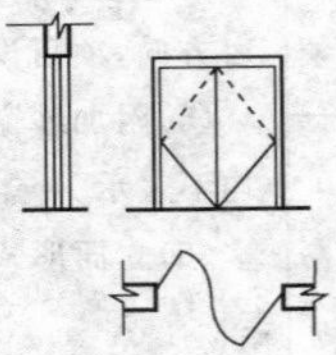	
双层双扇平开门		
旋转门	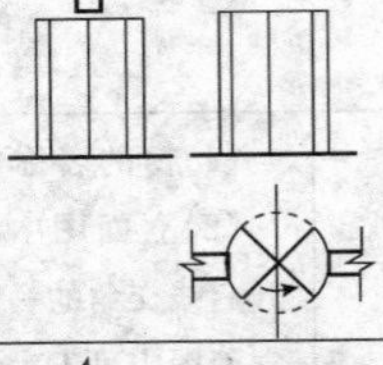	(1)门的名称代号用 M 表示。 (2)门面开式应按实际情况绘制
两翼智能旋转门	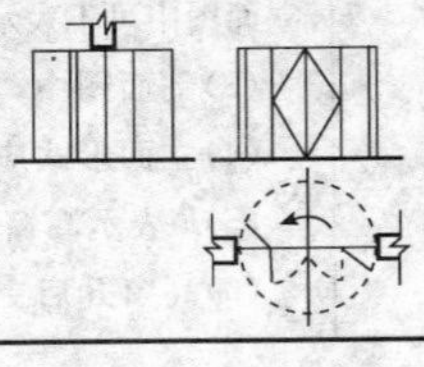	

在平面图中还包含有索引符号、剖切符号等相应符号。

标准层平面图的主要内容与底层平面图类似,主要区别体现在以下几方面,见表3-7。

表3-7　标准层平面图的主要内容

项　目	内　容
房间布置	标准层平面图的房间布置情况与底层平面图可能不同
墙体厚度、柱子断面尺寸	由于建筑物使用功能不同或结构受力不同,标准层平面图中墙体厚度、柱子断面尺寸与底层平面图可能不同
门窗	标准层平面图的门窗布置情况、平面尺寸与底层平面图可能不同
建筑材料	建筑材料要求的不同一般反映在建筑设计说明中
楼梯图例	标准层平面图的楼梯图例与底层平面图不同

屋顶平面图与其他各层平面图不同,其主要表示两方面的内容。

(1)屋面的排水情况,一般包括排水分区、屋面坡度、天沟、雨水口等内容。

(2)突出屋面部分的位置,如女儿墙、楼梯间、电梯机房、水箱、通风道、上人孔等。

3.识读

(1)平面图的图线要求。

建筑平面图中被剖切到的主要轮廓线,如墙、柱的断面轮廓线,用粗实线表示;次要轮廓线,如楼梯、踏步、台阶等,用中粗实线表示;图例线、引出线、标高符号等用中实线表示。

(2)平面图的阅读。

阅读平面图时一般应按照如下步骤进行。

1)查阅建筑物朝向、形状。根据指北针确定房屋朝向。

2)查阅建筑物墙体厚度、柱子截面尺寸及墙、柱的平面布置情况,各房间的用途及平面位置,房间的开间、进深尺寸等。

3)查阅建筑物门窗的位置、尺寸。检查门窗表中的门窗代号、尺寸、数量与平面图是否一致。

4)查阅建筑物各部位标高。

5)查阅建筑物附属设施的平面位置。

(3)图线。

建筑图中的图线应粗细有别,层次分明。被剖切到的墙、柱的断面轮廓线用粗实线(线宽为b)画出。而粉刷层在1:100的平面图中不必画出,在1:50或比例更大的平面图中则用中实线画出。没有剖切到的可见轮廓线,如窗台、台阶、明沟、花台、梯段等用中粗实线($0.7b$)画出。

尺寸线、标高符号、定位轴线的圆圈、轴线等用中实线($0.5b$)和细点画线画出。

表示剖切位置的剖切线则用粗实线表示。

底层平面图中,可以只在墙角或外墙的局部,分段地画出明沟(或散水)的平面位置。实际上,除了台阶和花台下一般不设明沟外,所有外墙墙脚均设有明沟或散水。

(4)图例。

由于平面图一般是采用1:100、1:150和1:50的比例来绘制的。其中用两条平行细实线表示窗框及窗扇,用45°倾斜的中粗实线表示门及其开启方向。例如:用HTC-21、HTC-22等表示窗的型号;M97、ZM1等表示门的型号(表3-8)。门窗的具体形式和大小可在有关的建筑立面图、剖面图及门窗通用图集中查阅。

表 3-8　门窗表

编号	洞口尺寸(mm)		数　量				合计	备注
	宽度	高度	1层	2层	3层	4层		
HTC—21	1 800	2 100	3	—	—	—	3	—
HTC—22	2 100	2 100	2	—	—	—	2	—
HTC—10	1 200	2 100	1	—	—	—	1	—
PSC6—25	600	1 200	4	—	—	—	4	—
HTC—11	1 500	2 100	5	—	—	—	5	—
PSC5—15	900	900	1	—	—	—	1	—
TSC8—30A	1 800	1 500	—	4	4	4	12	—
HSM—41	2 100	2 400	—	1	1	1	3	—
HSM—42	2 100	2 400	—	1	1	1	3	—
PSC5—64	1 200	1 500	—	2	2	2	6	—
TSC8—29A	1 500	1 500	—	5	5	5	15	—
PSC5—27	900	1 200	—	1	1	1	3	—
M97	1 000	2 600	4	9	9	5	27	—
M52	1 000	2 100	2	2	2	2	8	—
M89	1 200	2 600	1	—	1	—	2	—
M51	900	2 100	1	—	—	—	1	—
ZM1	1 800	3 100	1	—	—	—	1	—
ZM2	1 200	3 100	1	—	—	—	1	—

　　门窗表的编制,是为了计算出每幢房屋不同类型的门窗数量,以供订货加工之用。中小型房屋的门窗表一般放在建筑施工图纸内。

　　在平面图中,凡是被剖切到的断面部分应画出材料图例,但在 1∶150 和 1∶100 的小比例的平面图中,剖到的砖墙一般不画材料图例(或在透明图纸的背面涂红表示),在 1∶50 的平面图中的砖墙往往也可不画图例,但在大于 1∶50 时,应该画上材料图例。一般当小于 1∶50 的比例或断面较窄,不易画出图例线时,剖到的钢筋混凝土构件的断面可涂黑。

　　(5)尺寸注法。

　　在建筑平面图中,所有外墙一般应标注 3 道尺寸。最内侧的第一道尺寸是外墙的门、窗洞的宽度和洞间墙的尺寸(从轴线注起);中间第二道尺寸是轴线间距的尺寸;最外侧的第三道尺寸是房屋两端外墙面之间的总尺寸。

　　平面图中还应注明楼地面、台阶顶面、阳台顶面、楼梯休息平台面以及室外地面等的标高。在平面图中凡需绘制详图的部位,应画上详图索引符号。

第四节　建筑立面图识读

一、应用实例

实例　培训大楼立面图

　　某地区的培训大楼立面图如图 3-27～图 3-30 所示,现以培训大楼的立面图为例,对图中内容进行叙述。

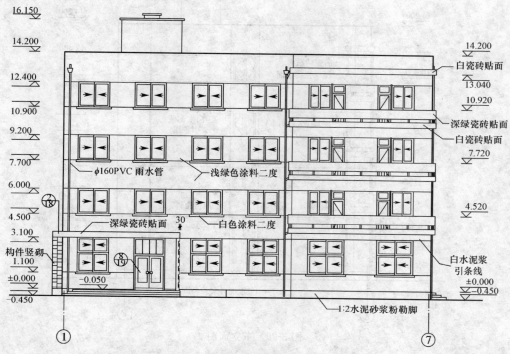

图 3-27　南立面图

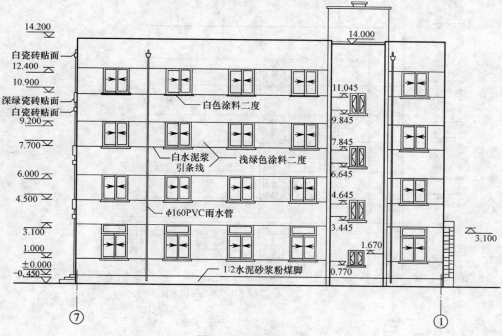

图 3-28　北立面图

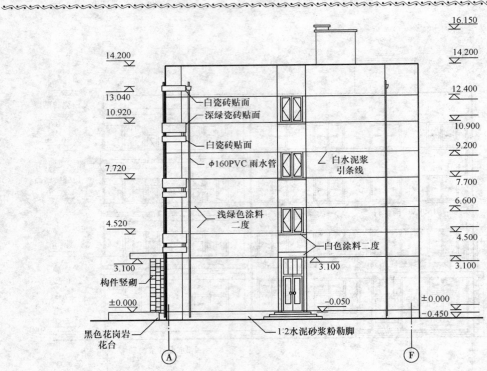

图 3-29　东立面图

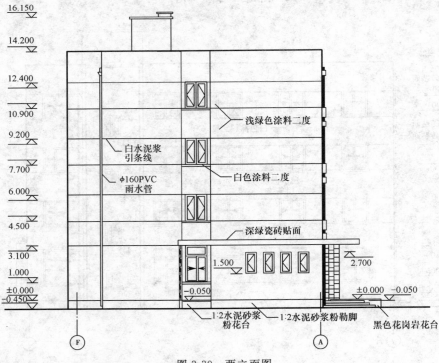

图 3-30　西立面图

　　该培训大楼需要从东、南、西、北 4 个方向分别绘制 4 个立面图,以反映该房屋的各个立面的不同情况和装饰等(以图 3-27 为例进行识读)。

培训大楼的南立面是该建筑物的主要立面。南立面的西端有一主要出入口(大门),它的上部设有转角雨棚;转角雨棚下方两侧设有装饰花格,进口台阶的东侧设有花台(对照图3-24的二、三层平面图和图3-23的底层平面图)。南立面东端的二、三、四层设有阳台,并在四层阳台上方设有雨棚(对照图3-24的二、三层平面图、图3-25的四层平面图和图3-26的屋顶平面图)。南立面图中表明了南立面上的门窗形式、布置以及它们的开启方向,还表示出外墙勒脚、墙面引条线、雨水管以及东门进口踏步等的位置。屋顶部分表示出了女儿墙(又称压檐墙)包檐的形式和屋顶上水箱的位置和形状等。

屋架及楼盖构造

民用建筑中的坡形屋面和单层工业厂房中的屋盖,都有屋架这个构件。屋架是跨过大的空间(一般在12～30 m)的构件。它承受屋面上所有的荷载,如风压、雪重、维修人的活动、屋面板(或檩条、椽子)、屋面瓦或防水层、保温层的重量。屋架一般两端支承在柱子上或墙体和附墙柱上。民用建筑坡屋面的屋架及构造如下图所示。

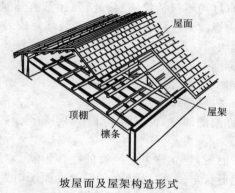

坡屋面及屋架构造形式

二、基础知识

1. 概述

建筑立面图,是平行于建筑物各方向外墙面的正投影图,简称(某向)立面图。

建筑立面图用来表示建筑物的体型和外貌,并表明外墙面装饰材料与装饰要求等的图样。

房屋有多个立面,通常把房屋的主要出入口或反映房屋外貌主要特征的立面图称为正立面图,从而确定背立面图和左、右侧立面图。有时也可按房屋的朝向来定立面图的名称,例如:南立面图(图3-27)、北立面图(图3-28)、东立面图(图3-29)和西立面图(图3-30)。也可按立面图两端的轴线编号来定立面图的名称,例如:该培训大楼的南立面图也可称为①—⑦立面图。

2. 有关规定和要求

(1)定位轴线。

在立面图中一般只画出两端的定位轴线及其编号,以便与平面图对照读图。如图3-27所示的南立面图,只需标注①和⑦两条定位轴线,这样可更确切地判明立面图的观看方向。

(2)图线。

为了使立面图外形清晰,通常把房屋立面的最外轮廓线画得稍粗(粗实线),室外地面线粗实线,门窗洞、台阶、花台等轮廓线画成中粗实线(0.7b)。凸出的雨棚、阳台和立面上其他凸出的线脚等轮廓线可以和门窗洞的轮廓线同等粗度,有时也可画成比门窗洞的轮廓线略粗一些。门窗扇及其分格线、花饰、雨水管、墙面分格线(包括引条线)、外墙勒脚线以及用料注释引出线和标高符号等都画中实线(0.5b)。

(3)图例。

立面图和平面图一样,由于选用的比例较小,所以门、窗也按规定图例绘制。

南立面图中的窗子部位画有水平的箭头,这是推拉窗的符号。底层窗子由于高度较大,达到 2.100 m,因此设上下两道推拉窗。在阳台部位,可以看出是由推拉窗、固定窗和平开门组合而成。阳台门的上半部是玻璃,下半部则是塑料封板。门的铰链都是安装在靠墙一边,开启方向的线画实线,表示向外开(如图 3-28、图 3-29、图 3-30 所示),画虚线时则表示向内开启。底层的出入口大门是双向自动弹簧门,这在底层平面图中已经表明。

(4)尺寸注法。

立面图上的高度尺寸主要用标高的形式来标注。应标注出室内外地面、门窗洞口的上下口、女儿墙压顶面(如为挑檐屋顶,则注至檐口顶面)和水箱顶面、进口平台面以及雨棚和阳台底面(或阳台栏杆顶面)等的标高。

标注标高时,除门、窗洞口(均不包括粉刷层)外,要注意有建筑标高和结构标高之分。如标注构件的上顶面标高时,应标注到包括粉刷层在内的装修完成后的建筑标高(如女儿墙顶面和阳台栏杆顶面等的标高),如标注构件的下底面标高时,应标注不包括粉刷层的结构底面的结构标高(如雨棚底面等的标高)。

除了标高外,有时还注出一些并无详图的局部尺寸,如图 3-27 所示南立面图中标注了进门花格缩进雨棚外沿 30 mm 的局部尺寸。

在立面图中,凡需绘制详图的部位,也应画上详图索引符号。

3. 识读

识读立面图时要结合平面图,建立整个建筑物的立体形状。对一些细部构造要通过立面图与平面图结合确定其空间形状与位置。另外,在识读立面图时要根据图名确定立面图表示建筑物的哪个立面。识读立面图时一般按照如下步骤进行。

(1)了解建筑物竖向的外部形状。

(2)查阅建筑物各部位的标高及尺寸标注,再结合平面图确定建筑物门窗、雨棚、阳台、台阶等部位的空间形状与具体位置。

(3)查阅外墙面的装修做法。

第五节 建筑剖面图识读

一、应用实例

实例 1 办公楼剖面图

图 3-31 为某公司办公楼剖面图,现以此图为例,对剖面图的相关内容进行识读。

(1)在底层剖面图中找到相应的剖切位置与投影方向,再结合各层建筑平面图,根据对应的投影关系,找到剖面图中建筑物各部分的平面位置,建立建筑物内部的空间形状。

(2)查阅建筑物各部位的高度,包括建筑物的层高、剖切到的门窗高度、楼梯平台高度、屋檐部位的高度等,再结合立面图检查是否一致。

(3)房屋各层顶棚的装饰做法为吊顶,详细做法需查阅建筑设计说明。阅读建筑剖面图也要与建筑平面图、立面图结合起来阅读。

(4)从房屋的底层平面图(3—23)中的剖切符号可知办公室楼面图是在两个办公室的门窗处将房屋剖开,然后向西作投影得到的。从图 3-31 中可看出,涂黑的部分为钢筋混凝土楼板和梁,房屋的层高为 3 400 m。剖切到的办公室的门高度为 2 100 mm,阳台门为 2 750 mm。剖切到了阳台上的窗户,走廊的窗户未剖切到,但投影时可以看到。从剖面图中能很清楚地看出,窗台高900 mm,窗高1 850 mm,窗上的梁高650 mm。房屋顶部是钢筋混凝土平屋顶,屋顶上又安装了彩钢板。屋顶挑檐的厚度80 mm,伸出屋面300 mm,高出屋面400 mm。

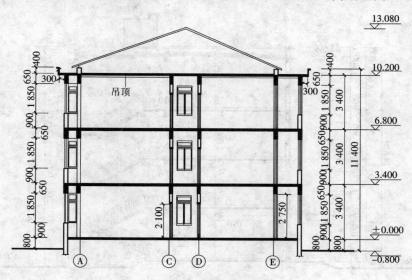

图 3-31 办公楼剖面图

阳台的构造

　　阳台在住宅建筑中是不可缺少的部分。它是居住在楼层上的人们的室外空间。人们有了这个空间可以在其上晒晾衣服、种栽盆景、乘凉休闲,也是房屋使用上的一部分。阳台分为挑出式和凹进式两种,一般以挑出式为好。目前挑出部分用钢筋混凝土材料做成,它由栏杆、扶手、排水口等组成。下图是一个挑出阳台的侧面形状。

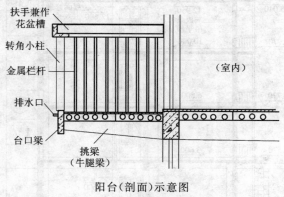

阳台(剖面)示意图

实例 2 培训大楼剖面图

　　现以某地区培训大楼的剖面图(1—1剖面图,2—2剖面图)为例,对剖面图中的内容进行识读。
　　如图 3-23 所示底层。平面图中剖切线 1—1 和 2—2 所示:1—1 剖面图(图 3-32)的剖切位置是通过房屋的主要出入口(大门)、门厅和楼梯等部分,也是房屋内部的结构、构造比较复杂以及变化较多的部位;2—2 剖面图(图 3-33)的剖切位置,则是通过该培训大楼各层房间分隔有变化和有代表性的宿舍部位。绘制了1—1、2—2两个剖面图后,能反映出该培训大楼在竖直方向的全貌、基本结构形式和构造方式。一般剖切平面位置都应通过门、窗洞,借此来表示门、窗洞的高度和在竖直方向的位置和构造,以便施工。如果用一个剖切平面不能满足要求时,则允许将剖切平面转折后来绘制剖面图。

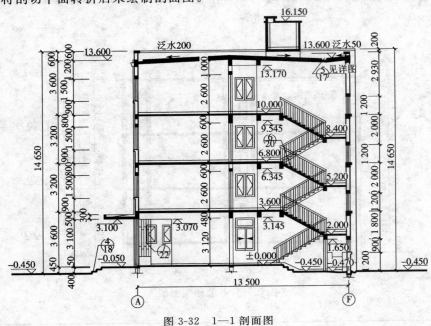

图 3-32　1—1 剖面图

图 3-33　2—2 剖面图

图 3-32 是按图 3-23 底层平面图中 1—1 剖切位置线所绘制的 1—1 剖面图。它反映该房

屋通过门厅、楼梯间的竖直横剖面形状，进而表明该房屋在此部位的结构、构造、高度、分层以及竖直方向的空间组合情况。

在建筑剖面图中，除了具有地下室外，一般不画出室内外地面以下部分，而只对室内外地面以下的基础墙画上折断线（在基础墙处的涂黑层，是 60 mm 厚的钢筋混凝土防潮层），因为基础部分将由结构施工图中的基础图来表达。在1：100的剖面图中，室内外地面的层次和做法一般将由剖面节点详图或施工说明来表达（通常套用标准图或通用图），故在剖面图中只画一条粗实线来表达室内外地面线，并标注各部分不同高度的标高，例如：±0.000、−0.050、−0.450、−0.470等。

各层楼面都设置楼板，屋面设置屋面板，它们搁置在砖墙或楼（屋）面梁上。为了屋面排水的需要，屋面板铺设成一定的坡度（有时可将屋面板水平铺置，而将屋面面层材料做出坡度），并且在檐口处和其他部位设置天沟板（挑檐檐口则称为檐沟板），以便导流屋面上的雨水经天沟排向雨水管。

楼板、屋面板、天沟的详细形式以及楼面层和屋顶层的层次和它们的做法，可另画剖面节点详图，也可在施工说明中表明，或套用标准图及通用图（须注明所套用图集的名称和图号），故在1：100的剖面图中也可以示意性地用两条线来表示楼面层和屋顶层的总厚度。在1—1剖面图的屋面上，还画出了剖到的钢筋混凝土水箱。

在墙身的门、窗洞顶，屋面板下和每层楼板下的涂黑矩形断面，为该房屋的钢筋混凝土门、窗过梁和圈梁。大门上方画出的涂黑断面为过梁连同雨棚板的断面，中间是看到的"倒翻"雨棚梁。如当圈梁的梁底标高与同层的门或窗的过梁底标高一致时，则可以只设一道梁，即圈梁同时起了门、窗过梁的作用。外墙顶部的涂黑梯形断面是女儿墙顶部的现浇钢筋混凝土压顶。

由于1—1剖面的剖切平面是通过每层楼梯的上一梯段，每层楼梯的下一梯段则为未剖到而为可见的梯段，但各层之间的楼梯休息平台是被剖切到的。

在1—1剖面图中，除了必须画出被剖切到的构件（如墙身、室内外地面、楼面层、屋顶层、各种梁、梯段及平台板、雨棚和水箱等）外，还应画出未剖切到的可见部分（如门厅的装饰及会客室和走廊中可见的西窗、可见的楼梯梯段和栏杆扶手、女儿墙的压顶、水斗和雨水管、厕所间的隔断、可见的内外墙轮廓线、可见的踢脚和勒脚等）。

二、基础知识

（1）概述。

建筑剖面图一般是指建筑物的垂直剖面图，也就是假想用一个竖直平面去剖切房屋，移去靠近观察者视线的部分后的正投影图，简称剖面图。

建筑剖面图表示建筑物内部垂直方向的高度、楼层分层、垂直空间的利用以及简要的结构形式和构造方式等情况的图样，如屋顶形式、屋顶坡度、檐口形式、楼板布置方式、楼梯的形式及其简要的结构、构造等。

剖面图的剖切位置，应选择在内部结构和构造比较复杂或有变化以及有代表性的部位，其数量视建筑物的复杂程度和实际情况而定。

（2）剖面图主要表达内容。

建筑剖面图的比例通常与平面图、立面图相同。

1）表示房屋内部的分层分隔情况。

2）表示剖切到的房屋的一些承重构件，如楼板、圈梁、过梁、楼梯等。

3)表示房屋高度的尺寸及标高。

4)表示房屋剖切到的一些附属构件,如台阶、散水、雨棚等。

5)尺寸标注。剖面图中竖直方向的尺寸标注也分为三道尺寸:最里边一道尺寸标注门窗洞口高度、窗台高度、门窗洞口顶上到楼面(屋面)的高度;中间一道尺寸标注层高尺寸;最外一道尺寸标注从室外地坪到外墙顶部的总高度。剖面图中水平方向需要标注剖切到的墙、柱轴线间的尺寸。

第六节　建筑详图识读

一、应用实例

实例1　外墙身详图

某公司办公楼的外墙身详图如图 3-34 所示。对外墙身详图的识读方法及内容如下所述。

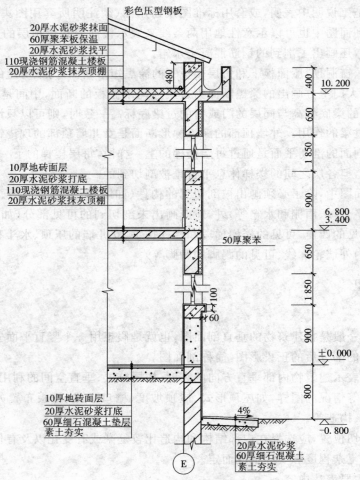

图 3-34　外墙身详图

(1)外墙身详图是建筑物的外墙身剖面详图,是建筑剖面图的局部放大图。主要用来表达外墙的厚度;门窗洞口、窗台、窗间墙、檐口、女儿墙等部位的高度;地面、楼面、屋面的构造做法;外墙与室内外地坪,与楼面、屋面的连接关系;门窗立口与墙身的关系;墙体的勒脚、散水、窗台、檐口等一些细部尺寸、材料、做法等内容。

(2)外墙身详图可以根据底层平面图中,外墙身剖切位置线的位置和投影方向来绘制,也可根据房屋剖面图中,外墙身上索引符号所指示需要绘制详图的节点来绘制。

外墙身详图常用 1∶20 的比例绘制,线型与剖面图相同,详细地表明外墙身从防潮层至墙顶各主要节点的构造做法。为了节约图纸、表达简洁,常将墙身在门窗洞口处折断。有时还可以将整个墙身详图分成各个节点单独绘制。在多层房屋之中,若中间几层情况相同,则可只画出底层、顶层和一个中间层 3 个详图。

(3)外墙身详图由 3 个节点构成的,从图中可以看出,基础墙为普通砖砌成,上部墙体为加气混凝土砌块砌成。在室内地面处有基础圈梁,在窗台上也有圈梁,一层的窗台的圈梁上部突出墙面 60 mm,突出部分高 100 mm。室外地坪标高-0.800 m,室内地坪标高±0.000 m。窗台高 900 mm,窗户高 1 850 mm,窗户上部的梁与楼板是一体的,到屋顶与挑檐也构成一个整体,由于梁的尺寸比墙体小,在外面又贴了厚 50 mm 的聚苯板,可以起到保温的作用。室外散水、室内地面、楼面、屋面的做法是采用分层标注的形式表示的,当构件有多个层次构造时就采用此法表示。

(4)外墙身详图的±0.000 或防潮层以下的基础部分要以结构施工图中的基础图为准。地面、楼面、屋面、散水、墙面装修等做法要和建筑设计说明中的一致。

墙面的装饰

在外墙面上,当前采用的有在水泥抹灰面上做出各种线条的墙面上涂以各种色彩涂料,增加美观;还有用饰面材料粘贴进行装饰,如墙面砖、锦砖、大理石、镜面花岗石等;以及风行一时的玻璃幕墙,利用借景来装饰墙面。

内墙面的装饰一般以清洁、明快为主,最普通的是抹灰面加内墙涂料,或粘贴墙纸,较高级些的做石膏墙面或木板、胶合板进行装饰。

墙面的装饰构造层次如下图所示。

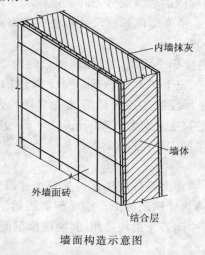

墙面构造示意图

实例 2　楼梯详图

以某公司办公楼的楼梯详图为例,对楼梯平面图、剖面图以及局部详图进行识读(楼梯的组成如图 3-35 所示)。

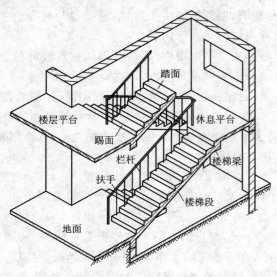

图 3-35　楼梯的组成

（1）楼梯平面图。

楼梯平面图是假想用一水平剖切平面在该层上行的第一个梯段中部将楼梯剖开，移去剖切平面以上的部分，剩余部分按正投影原理投影到水平投影面上得到的投影图，称为楼梯平面图。在楼梯平面图中的折断线本应为平行于踏步的，为了与踏面线区分开常将其画成与踏面成 30°角的倾斜线。与建筑平面图相同，楼梯平面图一般也有底层平面图、标准层平面图、顶层平面图。其中顶层平面图是在安全栏杆（栏板）之上，直接向下作水平投影得到的投影图。

楼梯平面图常采用 1∶50 的比例。为了便于阅读及标注尺寸，各层平面图宜上下或左右对齐放置。平面图中应标注楼梯间的轴线编号、开间、进深尺寸，楼地面和中间平台的标高，楼梯梯段长、平台宽等细部尺寸。楼梯梯段长度尺寸标注时应采用"踏面宽度×踏面数＝梯段长"的形式，如"300×10＝3 000"。

图 3-36 是某公司办公楼的楼梯平面图。楼梯间的开间为 2 700 mm，进深为 4 500 mm。由于楼梯间与室内地面有高差，先上了 5 级台阶。每个梯段的宽度都是 1 200 mm（底层除外），梯段长度为 3 000 mm，每个梯段都有 10 个踏面，踏面宽度均为 300 mm。楼梯休息平台的宽度为 1 350 mm，两个休息平台的高度分别为 1.700 m、5.100 m。楼梯间窗户宽为 1 500 mm。楼梯顶层悬空的一侧，有一段水平的安全栏杆。

（2）楼梯剖面图。

楼梯剖面图是假想用一个铅垂面将各层楼梯的某一个梯段竖直剖开，向未剖切到的另一梯段方向投影，得到的剖面图称为楼梯剖面图。楼梯剖面图的剖切位置通常标注在楼梯底层平面图中。在多高层建筑中若中间若干层构造相同，则楼梯剖面图可只画出首层、中间层和顶层三部分。

楼梯剖面图通常也采用 1∶50 的比例。在楼梯剖面图中应标注首层地面、各层楼面平台和各个休息平台的标高。水平方向应标注被剖切墙体轴线尺寸、休息平台宽度、梯段长度等尺寸。竖直方向应标注门窗洞口、梯段高度、层高等尺寸。梯段高度也应采用"踢面高度×踏步数一梯段高度"的形式。需要注意踏步数比踏面数多"1"。

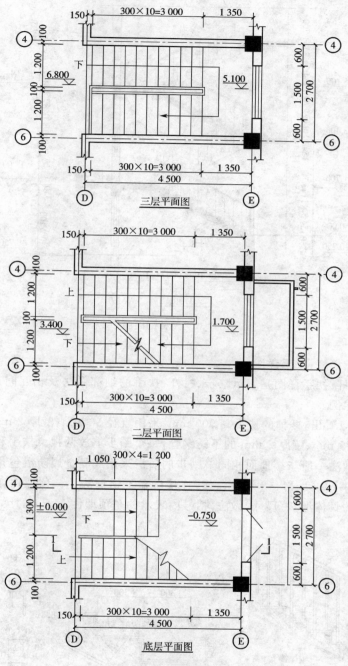

图 3-36 楼梯平面图

图 3-37 是某办公楼的楼梯剖面图。从底层平面图中可以看出，是从楼梯上行的第一个梯段剖切的。楼梯每层有两个梯段，每一个梯段有 11 级踏步，每级踏步高 154.5 mm，每个梯段高 1 700 mm。楼梯间窗户和窗台高度都为 1 000 mm。楼梯基础、楼梯梁等构件尺寸应查阅结构施工图。

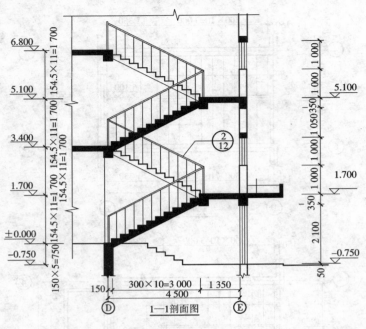

图 3-37　楼梯剖面图

（3）楼梯踏步、栏杆、扶手详图。

楼梯踏步、栏杆、扶手详图是表示踏步、栏杆、扶手的细部做法及相互间连接关系的图样，一般采用较大的比例。

由图 3-38 可以看出，楼梯的扶手高 900 mm，采用直径 50 mm、壁厚 2 mm 的不锈钢管，楼梯栏杆采用直径 25 mm、壁厚 2 mm 的不锈钢管，每个踏步上放两根。扶手和栏杆采用焊接连接。楼梯踏步的做法一般与楼地面相同。踏步的防滑采用成品金属防滑包角。楼梯栏杆底部与踏步上的预埋件 M—1、M—2 焊接连接，连接后盖不锈钢法兰。预埋件详图用三面投影图表示出了预埋件的具体形状、尺寸、做法，括号内表示的是预埋件 M—1 的尺寸。

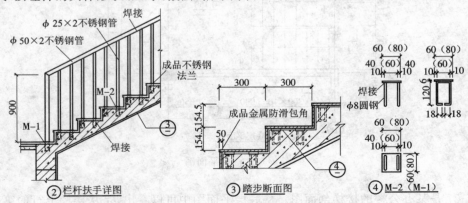

图 3-38　楼梯踏步、栏杆、扶手详图

实例 3　木门详图

图 3-39 为某办公楼中的木门详图。以此图为例，对图中内容进行识读。

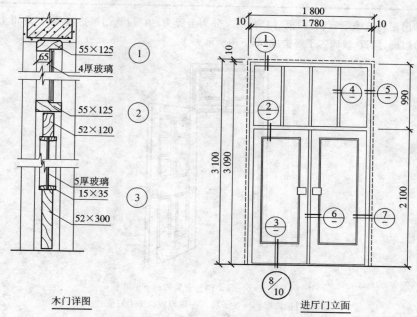

图 3-39　木门详图

（1）图 3-39 是由一个立面图与 7 个局部断面图组成，完整地表达出不同部位材料的形状、尺寸和一些五金配件及其相互间的构造关系。按规定，该门的立面图是一幅外立面图。

（2）详图索引符号如②中的粗实线表示剖切位置，细的引出线是表示剖视方向，引出线在粗线之左，表示向左观看；同理，引出线在粗线之下，表示向下观看，一般情况，水平剖切的观看方向相当于平面图，竖直剖切的观看方向相当于左侧面图。

（3）在立面图中，最外围的虚线表示门洞的大小。木门分成上下两部分，上部固定，下部为双扇弹簧门。在木门与过梁及墙体之间有 10 mm 的安装间隙。

门和窗的构造

　　门和窗是现代建筑不可缺少的构件。门和窗不但有实用价值，还有建筑装饰的作用。窗是房屋上阳光和空气流通的"口子"；门则主要是分隔开的房间之间的人流的主要通道，当然也是空气和阳光要经过的通道"口子"。门和窗在建筑上还起到围护作用，起到安全保护、隔声、隔热、防寒、防风雨的作用。

　　门和窗按其所用材料的不同分为：木门窗、钢门窗、钢木组合门窗、铝合金门窗、塑料或塑钢门窗，还有贵重的铜门窗和不锈钢门窗，以及用玻璃做成的无框厚玻璃门窗等。

　　门窗构件与墙体的结合措施是：木门窗用木砖和钉子把门窗框固定在墙体上，然后用五金件把门窗扇安装上去；钢门窗是用铁脚（燕尾扁铁联结件）铸入墙上预留的小孔中，固定住钢门窗，钢门窗扇是钢铰链用铆钉固定在框上的；铝合金门窗的框是把框上设置的安装金属条，用射钉固定到墙体上，门扇则用铝合金铆钉固定在框上，窗扇目前采用平移式为多，安装在框中预留的滑框内；塑料门窗基本上与铝合金门窗相似。其他门窗也都有它们特定的办法和墙体相联结。

　　按照其形式，门可以分为夹板门、镶板门、半截玻璃门、拼板门、双扇门、联窗门、推拉门、平开大门、弹簧门、钢木大门、旋转门等；窗有平开窗、推拉窗、中悬窗、上悬窗、下悬窗、立转窗、提拉窗、百叶窗、纱窗等等。

　　根据所在位置不同，门有围墙门、栅栏门、院门、大门（外门）、内门（房门、厨房门、厕所门）及防盗门等；窗有外窗、内窗、高窗、通风窗、天窗、"老虎窗"等。

以单个的门窗构造来看,门有门框、门扇,框又分为上冒头、中贯档、门框边梃等,门扇由上冒头、中冒头、下冒头、门边梃、门板、玻璃芯子等构成,如下图所示。

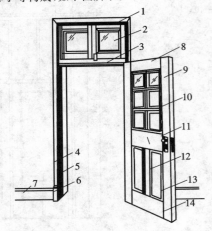

1—门樘冒头;2—亮子;3—中贯档;4—贴脸板;
5—门樘边梃;6—墩子线;7—踢脚板;8—上冒头;
9—门梃;10—玻璃芯子;11—中冒头;12—中梃;
13—门肚板;14—下冒头

木门的各部分名称

窗由窗框、窗扇组成。窗框由上冒头、中贯档、下冒头组成;窗扇由窗扇梃,窗扇的上、下冒头和安装玻璃的窗棂构成,如下图所示。

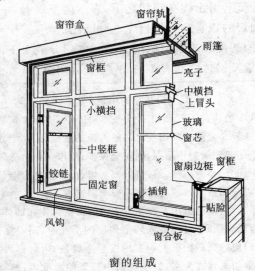

窗的组成

二、基础知识

1. 概述

房屋建筑平、立、剖面图都是用较小的比例绘制的,主要表示房屋的总体情况,而建筑物的一些细部形状、构造等无法表示清楚。因此,在实际中对建筑物的一些节点、建筑构配件形状、材料、尺寸、做法等用较大比例图样表示,称为建筑详图或大样图。

　　详图通常采用表 1-2 中的比例,必要时也可选用 1：3、1：4、1：25、1：30、1：40 等比例绘制。详图与平、立、剖面图是用索引符号联系起来的。一套施工图中,建筑详图的数量由工程难易程度决定。常用的建筑详图有外墙身详图、楼梯间详图、卫生间详图、门窗详图、雨棚详图等。由于各地区都编有标准图集,在实际工程中有些详图经常从标准图集中选取。

　　2.表达内容

　　(1)详图名称、比例。

　　(2)详图符号及其编号以及再需另画详图时的索引符号。

　　(3)建筑构配件的形状以及与其他构配件的详细构造、层次、有关的详细尺寸和材料图例等。

　　(4)详细注明各部位和各层次的用料、做法、颜色以及施工要求等。

　　(5)需要画上的定位轴线及其编号。

　　(6)需要标注的标高等。

第四章　房屋结构施工图识读

第一节　结构平面图识读

一、应用实例

实例 1　预制板楼面结构平面图

以某工地预制板楼面结构平面图为例(图 4-1),对图中相关内容进行识读。

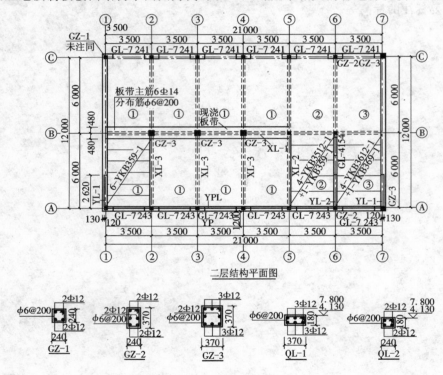

图 4-1　预制板楼面结构平面图

(370 墙下为 QL-1,240 墙下为 QL-2)

(1)标注方法。

在图 4-1 所示的预制板的楼面结构平面图中要画出预制板的轮廓,在楼板的范围内画一条对角线,沿对角线注写预制板的数量、代号、规格等。对布置相同情况预制板的板块编写相同的编号,可以只标注一次。各省制定的预制板标注方法不完全相同,但表示的内容基本类似。如"6Y-KB359-1":其中"6"表示布置 6 块预制板;"YKB"表示预应力多孔板;"35"表示板的长度为 3 500 mm;"9"表示板宽为 900 mm;"1"表示荷载等级为 1 级。

(2)二层结构平面图中构造柱的表示。

图 4-2 为两层结构平面图,比例为 1∶100,图中涂黑的代表钢筋混凝土构造柱,共有 GZ-

1、GZ—2、GZ—3 三种,由于配筋比较简单,具体配筋情况是采用断面图的形式表示的。与构造柱相同,图中两种圈梁 QL—1、QL—2 的配筋也是用断面图表示的。图中共包括 3 种形式的预制板,其中②号板表示布置 4 块长度 3 500 mm、宽度 1 200 mm 和 1 块长度 3 500 mm、宽度 900 mm,荷载等级都是 1 级的预应力多孔板。由于在 B 轴线上有构造柱 GZ—3,无法放预制板,故在此现浇一板带。板带下配 6 根直径 14 mm 的 HRB235 级钢筋(与板平行),分布筋为直径 6 mm 的 HPB235 级钢筋,间距 200 mm。

(3)预制板楼面结构平面图梁的表示。

图中门或窗洞口的上方为过梁,如"GL—7243":其中"GL"表示过梁,"7"表示过梁所在的墙厚为 370 mm,"24"表示过梁下墙洞口宽度 2 400 mm,"3"表示过梁荷载等级为 3 级。图中"XL—1"表示编号是 1 的现浇梁。图中 A 轴线上的粗实线表示雨棚梁及端部的压梁,分别用代号 YPL、YL—1、YL—2 表示。还给出了圈梁、构造柱的断面图及雨棚的配筋图。

实例 2 现浇板楼面结构平面图

图 4-2 为某办公楼二层结构平面图的一部分为例,对图中的内容进行分析。

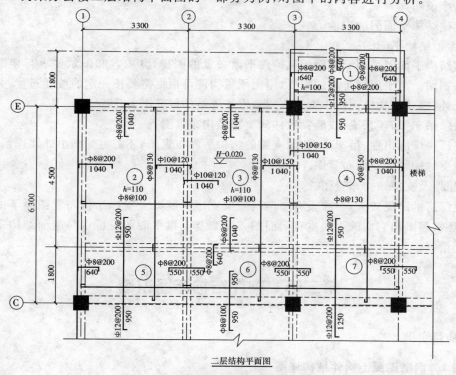

二层结构平面图

图 4-2 现浇板楼面结构平面图(局部)

(1)图 4-2 是二层结构平面图的一部分,图中的轴线编号及轴间尺寸与建筑图相同,也采用 1∶100 的比例。

(2)图中的虚线表示板底下的梁,由于该办公楼采用框架的结构体系,故未设置圈梁、构造柱。

(3)门窗的上表面与框架梁底在同一高度,也未设置过梁。整个楼板厚度除阳台部位为 100 mm 外,其余部位为 110 mm。

(4)相邻板若上部配筋相同,则中间不断开,采用一根钢筋跨两侧放置。在图中还注明了卫生间部位的结构标高(不含装修层的高度)比其他部位低 20 mm。

二、基础知识

1. 表达内容

(1)楼层结构平面图是假想沿楼板面将房屋水平剖切后所得到的水平投影图,主要表示楼面板及其下面的墙、梁、柱等承重构件的平面布置情况,它是施工时布置或安放各层承重构件的依据。

(2)楼层结构平面图的比例与建筑平面图的比例相同,常用1∶100、1∶200、1∶50的比例。

(3)钢筋混凝土楼层可分为预制装配式和现浇整体式两类。

(4)结构平面图的主要内容包括:

1)轴线。楼层平面图中的轴线与建筑平面图一致,标注轴线编号、轴线间尺寸和轴线总尺寸。

2)墙、柱、梁的平面位置。梁要标注编号。

3)预制板的代号、型号、数量、布置情况等。

4)现浇板的钢筋布置情况。

5)圈梁、过梁的位置及编号。

6)文字说明。

2. 其他结构平面图的识读

(1)屋顶结构平面图。

屋顶结构平面图是表示屋面承重构件平面布置的图样,其内容和图示要求与楼面结构平面图基本相同。由于屋面排水的需要,屋面承重构件可根据需要按一定的坡度布置,并设置天沟板。此外,屋顶结构平面图中常附有屋顶水箱等结构以及上人孔等。

(2)柱、吊车梁、连系梁(或墙梁)、柱间支撑结构布置图。

单层厂房应画出柱、吊车梁、柱间支撑的结构平面布置图,还需另外画出外墙连系梁(或墙梁)、柱间支撑的结构立面布置图。

(3)屋架及支撑结构布置图。

单层厂房的跨度较大,一般设有屋架及屋架支撑。屋架及支撑结构布置图除了由平面图表示外,还需另画出它们的纵向垂直剖面图。屋架及支撑平面图也可以与屋面结构平面图合并在一起绘制。

第二节　构件结构详图识读

一、应用实例

实例 1　钢筋混凝土构件结构详图

现以某工地部分钢筋混凝土构件详图为例,对此类型的详图进行识读。

(1)钢筋混凝土梁。

钢筋混凝土梁的结构一般用立面图和断面图表示。图 4-3 为两跨钢筋混凝土梁的立面图和断面图。该梁的两端搁置在砖墙上,中间与钢筋混凝土柱连接。由于两跨梁上的断面、配筋和支承情况完全对称,则可在中间对称轴线(轴线⑥)的上下端部画上对称符号。这时只需要在梁的左边一跨内画出钢筋的配置详图(图 4-3 中右边一跨也画出了钢筋配置,当画出对称符号后,右边一跨可以只画梁外形),并标注出各种钢筋的尺寸。梁的跨中下面配置 3 根钢筋(即 2 Φ 16＋1 Φ 18),中间的一根 Φ 18 钢筋在近支座处按 45°方向弯起,弯起钢筋上部弯平点的位置离墙或柱边缘距离为50 mm。墙边弯起钢筋伸入到靠近梁的端面(留一保护层厚度);柱边弯起钢筋伸入梁的另一跨内,距下层柱边缘为1 000 mm。由于HRB335级钢筋的端部不做弯钩,因此在立面图中当几根纵向钢筋的投影重叠时,就反映不出钢筋的终端位置。现规定用45°方向的短粗线作为无弯钩钢筋的终端符号。梁的上面配置两根统长钢筋(即2±18),箍筋为±8@150。按构造要求,靠近墙或柱边缘的第一道箍筋的距离为50 mm,即与弯起钢筋上部弯平点位置一致。在梁的进墙支座内布置两道箍筋。梁的断面形状、大小及不同断面的配筋,则用断面图表示。1—1为跨中断面,2—2为近支座处断面。除了详细注出梁的定形尺寸和钢筋尺寸外,还应注明梁底的结构标高。

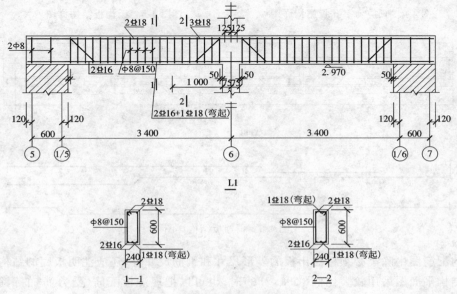

图 4-3　钢筋混凝土梁结构详图

(2)钢筋混凝土板。

图 4-4 是预制的预应力多孔板(YKB—5—2)的横断面图。板的名义宽度应是500 mm,但考虑到制作误差(若板宽比500 mm稍大时,可能会影响板的铺设)及板间构造嵌缝,故板宽的设计尺寸定为480 mm。YKB 是某建筑构配件公司下属混凝土制品厂生产的定型构件,因此不必绘制结构详图。

图 4-5 是用于屋面的预制天沟板(TGB)的横断面图。它是非定型的预制构件,故需画出结构详图。本例天沟板的板长有3 300 mm 和4 000 mm 两种。

图 4-6 是现浇雨棚板(YPB1)的结构详图,它是采用一个剖面图来表示的,非定型的现浇构件。YPB1 是左端带有外挑板(轴线①的左面部分)的两跨连续板,它支撑在外挑雨棚梁[YPL(2A),YPL(4A),YPL(2B)]上。

由于建筑上的要求,雨棚板的板底做平,故雨棚梁设在雨棚板的上方(称为逆梁)。YPL(2A),YPL(4A)是矩形截面梁,梁宽为240 mm,梁高为200～300 mm;YPL(2B)为矩形等截面梁,断面为240 mm×300 mm。

雨棚板(YPB1)采用弯起式配筋,即板的上部钢筋是由板的下部钢筋直接弯起,为了便于识读板的配筋情况,现把板中受力筋的钢筋图画在配筋图的下方。在钢筋混凝土构件的结构详图中,除了配筋比较复杂外,一般不另画钢筋图。

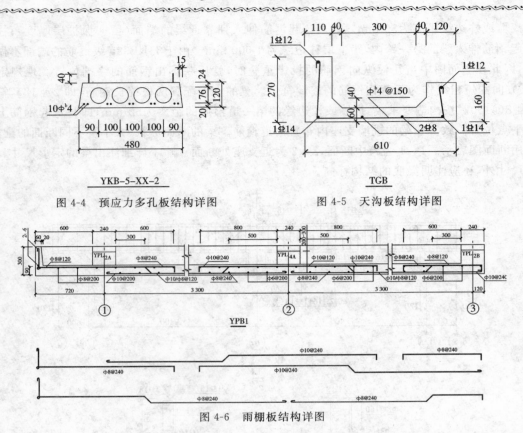

YKB-5-XX-2

图 4-4　预应力多孔板结构详图

TGB

图 4-5　天沟板结构详图

YPB1

图 4-6　雨棚板结构详图

板的配筋图中除了必须标注出板的外形尺寸和钢筋尺寸外,还应注明板底的结构标高。

当结构平面图采用较大比例(如 1:50)时,也可以把现浇板配筋(受力筋)的钢筋图直接画在板的平面图上,从而省略了板的结构详图。

(3)构造柱与墙体、构造柱与圈梁连接详图。

在多层混合结构房屋中设置钢筋混凝土构造柱是提高房屋整体延性和砌体抗剪强度,使之增加抗震能力的一项重要措施。构造柱与基础、墙体、圈梁必须保证可靠连接。图 4-7 为构造柱与墙体连接结构详图。构造柱与墙连接处沿墙高每隔 500 mm 设 2 ϕ 6 拉结钢筋,每边伸入墙内不宜小于 1 000 mm。

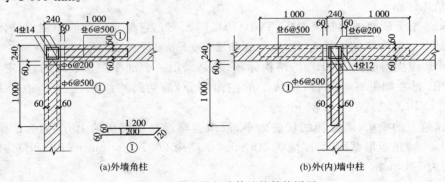

(a)外墙角柱　　　　　　　　(b)外(内)墙中柱

图 4-7　构造柱与墙体连接结构详图

图 4-7(a)为外墙角柱与墙体连接图,图 4-7(b)为外(内)墙中柱与墙体连接图。构造柱与墙

体连接处的墙体宜砌成马牙槎,在施工时先砌墙,后浇构造柱的混凝土。在墙体砌筑时应根据马牙槎的尺寸要求,从柱角开始,先退后进,以保证柱脚为大截面。

(4)钢筋混凝土柱。

图 4-8 是现浇钢筋混凝土柱(Z)的立面图和断面图。该柱从柱基起直通四层楼面。底层柱为正方形断面 350 mm×350 mm。受力筋为 4⌀22(见3—3断面),下端与柱基插铁搭接,搭接长度为 1 100 mm 上端伸出二层楼面 1 100 mm,以便与二层柱受力筋 4⌀22(见2—2断面)搭接。二、三层柱为正方形断面 250 mm×250 mm。二层柱的受力筋上端伸出三层楼面 800 mm 与三层柱的受力筋 4⌀16(见 1—1 断面)搭接。受力筋搭接区的箍筋间距需适当加密为⌀6@100;其余箍筋均为⌀@200。

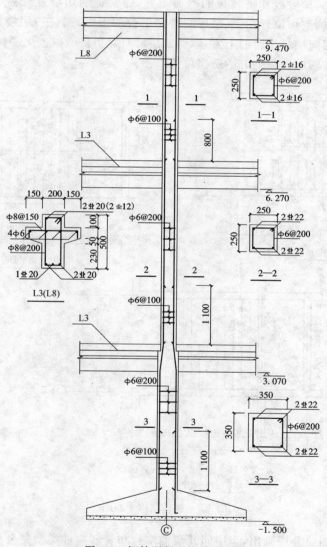

图 4-8　钢筋混凝土柱结构详图

在柱(Z)的立面图中还画出了柱连接的二、三层楼面梁 L3 和四层楼面梁 L8 的局部(外形)立面。因搁置预制楼板(YKB)的需要,同时也为了提高室内梁下净空高度,把楼面梁断面做成十字形(俗称花篮梁),其断面形状和配筋如图 4-8 中 L3(L8)左侧所示。

实例 2　楼梯结构详图

以楼梯结构的平面图与剖面图为例,对楼梯结构详图中的内容进行识读。

1. 楼梯结构平面图

楼层结构平面图中虽然也包括了楼梯间的平面位置,但因为比例较小(1:100),不易把楼梯构件的平面布置和详细尺寸表达清楚,而底层又往往不画底层结构平面图。因此楼梯间的结构平面图通常需要用较大的比例(如1:50)另行绘制,如图4-9所示。

楼梯结构平面图的图示要求与楼层结构平面图基本相同,它也是用水平剖面图的形式来表示的,但水平剖切位置有所不同。

为了表示楼梯梁、梯段板和平台板的平面布置,通常把剖切位置放在层间楼梯平台的上方;底层楼梯平面图的剖切位置在一、二层间楼梯平台的上方;二(三)层楼梯平面图的剖切位置在二、三(三、四)层间楼梯平台的上方;本例四层(即顶层)楼面以上无楼梯,则四层楼梯平面图的剖切位置就设在四层楼面上方的适当位置。

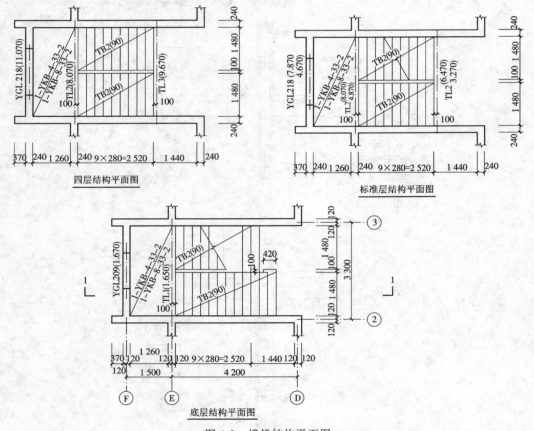

图 4-9　楼梯结构平面图

楼梯结构平面图应分层画出,当中间几层的结构布置和构件类型完全相同时,则只要画出一个标准层楼梯平面图。如图4-9所示的中间一个平面图,即为二、三层楼梯的通用平面图。

楼层结构平面图中各承重构件,如楼梯梁(TL)、楼梯板(TB)、平台板(YKB)、窗过梁(YGL)和圈梁(QL)等的表达方式和尺寸注法与楼层结构平面图相同,这里不再赘述。在平面图中,梯段板的折断线按投影法理应与踏步线方向一致,为避免混淆,按制图标准规定画成倾斜方向。在楼层结构平面图中除了要注出平面尺寸外,通常还需注出各种梁底的结构标高。

2. 楼梯结构剖面图

楼梯的结构剖面图是表示楼梯间的各种构件的竖向布置和构造情况的图样。图 4-10 所示为由图 4-9 楼梯结构平面图中所画出的 1—1 剖切线的剖视方向而得到的楼梯 1—1 剖面图。

它表明了剖切到的梯段(TB1,TB2)的配筋、楼梯基础墙、楼梯梁(TL1,TL2,TL3)、平台板(YKB)、部分楼板、室内外地面和踏步以及外墙中窗过梁(YGL209)和圈梁(QL)等的布置,还表示出未剖切到梯段的外形和位置。与楼梯平面图相类似,楼梯剖面图中的标准层可利用折断线断开,并采用标注不同标高的形式来简化。

在楼梯结构剖面图中,应标注出轴线尺寸、梯段的外形尺寸和配筋、层高尺寸以及室内、外地面和各种梁、板底面的结构标高等。

在图 4-10 的右侧,还分别画出了楼梯梁(TL1,TL2,TL3)的断面形状、尺寸和配筋。

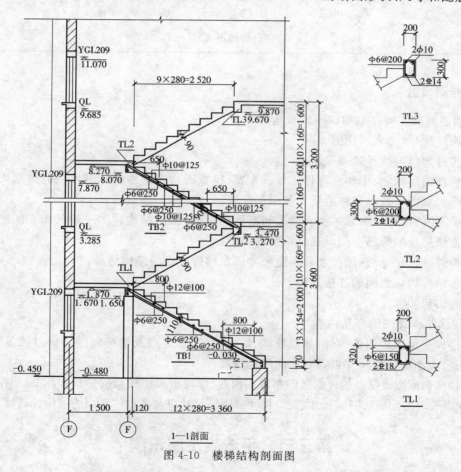

图 4-10　楼梯结构剖面图

台阶的构造

台阶是房屋的室内和室外地面联系的过渡构件,以便于人们在房屋大门口处的出入。台阶是根据室内外地面的高差做成若干级踏步和一块小的平台,几种形式有如下图所示。

台阶可以用砖砌成后做面层,也可以用混凝土浇筑而成,还可以用石材铺砌而成。面层可以做成最普通的水泥砂浆,也可做成水磨石、磨光花岗石、防滑地面砖和斩细的天然石材的。

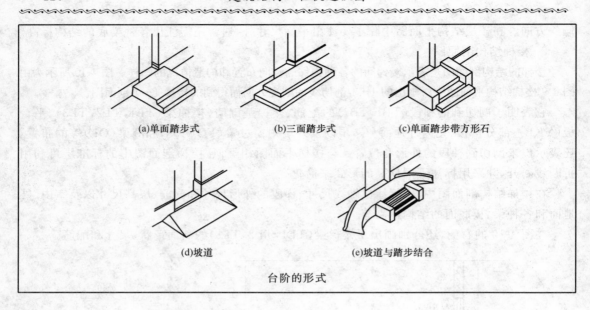

(a)单面踏步式　　　(b)三面踏步式　　　(c)单面踏步带方形石

(d)坡道　　　　　　　　(e)坡道与踏步结合

台阶的形式

二、基础知识

1. 钢筋混凝土构件结构详图的表达内容

(1)构件代号(图名),比例。

(2)构件定位轴线及其编号。

(3)构件的形状、大小和预埋件代号及布置(模板图),当构件的外形比较简单又无预埋件时,可只画配筋图来表示构件的形状和钢筋配置。

(4)梁、柱的结构详图通常由立面图和断面图组成,板的结构详图一般只画它的断面图或剖面图,也可把板的配筋直接画在结构平面图中。

(5)构件外形尺寸、钢筋尺寸和构造尺寸以及构件底面的结构标高。

(6)各结构构件之间的连接详图。

(7)施工说明等。

2. 楼梯结构详图的表达内容

(1)楼梯平面图表明各构件(如楼梯梁、梯段板、平台板以及楼梯间的门窗过梁等)的平面布置、代号、大小和定位尺寸以及它们的结构标高。

(2)楼梯剖面图表明各构件的竖向布置和构造、梯段板和楼梯梁的形状和配筋(当平台板和楼板为现浇板时的配筋)、断面尺寸、定位尺寸和钢筋尺寸以及各构件底面的结构标高等。

第三节　平法施工图识读

一、应用实例

实例1　柱平法施工图

柱平法施工图的实例如图 4-11 所示。其识读内容如下。

1. 列表注写方式表达的柱平法施工图

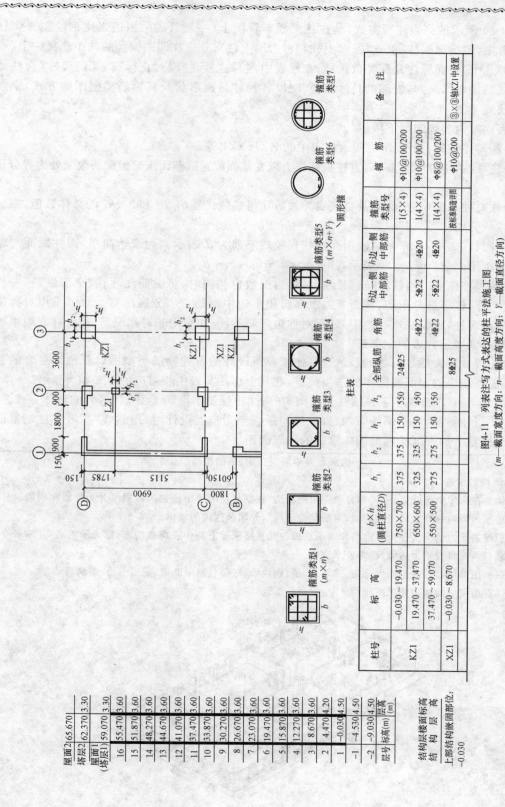

箍筋类型1 $(m \times n)$

箍筋类型2

箍筋类型3

箍筋类型4

箍筋类型5 $(m \times n + Y)$

箍筋类型6 圆形箍

箍筋类型7

柱表

柱号	标高	b×h(圆柱直径D)	h_1	h_2	h_1	h_2	全部纵筋	角筋	b边一侧中部筋	h边一侧中部筋	箍筋类型号	箍筋	备注
KZ1	-0.030~19.470	750×700	375	375	150	550	24Φ25				1(5×4)	Φ10@100/200	
	19.470~37.470	650×600	325	325	150	450		4Φ22	5Φ22	4Φ20	1(4×4)	Φ10@100/200	
	37.470~59.070	550×500	275	275	150	350		4Φ22	5Φ22	4Φ20	1(4×4)	Φ8@100/200	
XZ1	-0.030~8.670						8Φ25				按标准构造详图	Φ10@200	③×Ⓑ轴KZ1中设置

图4-11　列表注写方式表达的柱平法施工图
(m—截面宽度方向；n—截面高度方向；Y—截面直径方向)

层号	结构层楼面标高结构层高(m)	层高(m)
屋面2	65.670	
塔层2	62.370	3.30
屋面1(塔层1)	59.070	3.30
16	55.470	3.60
15	51.870	3.60
14	48.270	3.60
13	44.670	3.60
12	41.070	3.60
11	37.470	3.60
10	33.870	3.60
9	30.270	3.60
8	26.670	3.60
7	23.070	3.60
6	19.470	3.60
5	15.870	3.60
4	12.270	3.60
3	8.670	4.20
2	4.470	4.50
1	-0.030	4.50
-1	-4.530	4.50
-2	-9.030	

上部结构嵌固部位：-0.030

图 4-11 所示的列表注写方式,是在柱平面布置图上(一般只需采用适当比例绘制一张柱平面布置图,包括框架柱、框支柱、梁上柱和剪力墙上柱),分别在同一编号的柱中选择一个(有时需选择几个)截面标注几何参数代号;在柱表中注写柱号、柱段起止标高、几何尺寸(含柱截面对轴线的偏心情况)与配筋的具体数值,配以各种柱截面形状及其箍筋类型图的方式,来表达柱平法施工图。

柱表注写内容规定如下所示。

(1)注写柱编号,如图 4-11 所示柱表中的 KZ1、XZ1 等。

(2)注写各段柱的起止标高,自柱根部往上以变截面位置或截面未变但配筋改变处为界分段注写。

(3)注写柱截面尺寸 $b \times h$ 及与轴线关系的几何参数代号 b_1、b_2 和 h_1、h_2 的具体数值,需对应于各段柱分别注写。其中,$b = b_1 + b_2$,$h = h_1 + h_2$。

对于圆柱,表中 $b \times h$ 一栏改用在圆柱直径数字前为 d 表示。为表达简单,圆柱截面与轴线的关系也用 b_1、b_2 和 h_1、h_2 表示,并使 $d = b_1 + b_2 = h_1 + h_2$。

(4)注写柱纵筋。当柱纵筋直径相同,各边根数也相同时,将纵筋注写在"全部纵筋"一栏中;除此之外,柱纵筋分角筋、截面 b 边中部筋和 h 边中部筋三项分别注写。对于采用对称配筋的矩形截面柱,可仅注写一侧中部筋,对称边省略不注;如采用非对称配筋,须在柱表中增加相应栏目分别表示各边的中部筋。

(5)注写箍筋类型号及箍筋肢数。具体工程所设计的各种箍筋类型图以及箍筋复合的具体方式,需画在表的上部或图中的适当位置,在其上标注与表中相对应的 b、h 和类型号。

在图 4-11 中共绘制了 7 种箍筋类型图,在图注中绘制了箍筋类型 1(5×4)的具体方式。

(6)注写柱箍筋,包括钢筋级别、直径与间距。当为抗震设计时,用斜线"/"区分柱端箍筋加密区与柱身非加密区长度范围内箍筋的不同间距。

房屋骨架中墙、柱、梁、板的构造

1. 墙体的构造

墙体是在房屋中起受力、围护和分隔作用的结构,根据其在房屋中位置的不同可分为外墙和内墙。外墙是指房屋四周与室外空间接触的墙,内墙是位于房屋外墙包围内的墙体。

按照墙的受力情况又分为承重墙和非承重墙。凡直接承受上部传来荷载的墙,称为承重墙;凡不承受上部荷载只承受自身重量的墙,称为非承重墙。

按照所用墙体材料的不同可分为:砖墙、石墙、砌块墙、轻质材料隔断墙、混凝土墙、玻璃幕墙等。

墙体在房屋中的构造如下图所示。

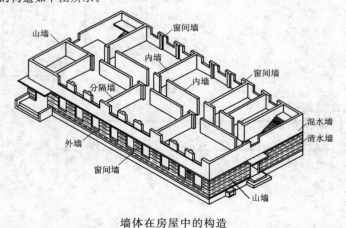

墙体在房屋中的构造

2. 柱、梁、板的构造

柱子是独立支撑结构的竖向构件。它在房屋中顶住梁和板这两种构件传来的荷载。

梁是跨过空间的横向构件，它在房屋中承担其上的板传来的荷载，再传到支承它的柱或墙上。

板是直接承担其上面的平面荷载的平面构件，它支承在梁上、墙上或直接支承在柱上，把所受的荷载再传给它们。

民用建筑中砖混结构的房屋，其楼板往往用预制的多孔板；框架结构或板柱结构则往往是柱、梁、板现场浇制而成。它们的构造形式如下图所示。

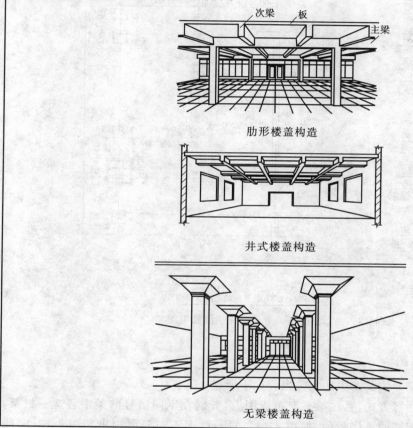

肋形楼盖构造

井式楼盖构造

无梁楼盖构造

2. 截面注写方式表达的柱平法施工图

(1)截面注写方式，系在柱平面布置图的柱截面上，分别在同一编号的柱中选择一个截面，以直接注写截面尺寸和配筋具体数值的方式来表达柱平法施工图。

(2)对除芯柱之外的所有柱截面按相关规定进行编号，从相同编号的柱中选择一个截面，按另一种比例原位放大绘制柱截面配筋图，并在各配筋图上继其编号后再注写截面尺寸 $b \times h$、角筋或全部纵筋(当纵筋采用一种直径且能够图示清楚时)、箍筋的具体数值，以及在柱截面配筋图上标注柱截面与轴线关系 b_1、b_2、h_1、h_2 的具体数值。

当纵筋采用两种直径时，需再注写截面各边中部筋的具体数值(对于采用对称配筋的矩形截面柱，可仅在一侧注写中部筋，对称边省略不注)。

(3)在截面注写方式中，如柱的分段截面尺寸和配筋均相同，仅截面与轴线的关系不同时，可将其编为同一柱号。但此时应在未画配筋的柱截面上注写该柱截面与轴线关系的具体尺寸。

图 4-12 为采用截面注写方式表达的柱平法施工图，其中，柱 LZ1 截面尺寸为 250 mm×

300 mm,全部纵筋 6 根,均为直径 16 mm 的 HRB335 级钢筋,箍筋采用直径 8 mm 的 HPB235 级钢筋,间距 200 mm。柱 KZ1 截面尺寸为 650 mm×600 mm,角筋为 4 根直径 22 mm 的 HRB335 级钢筋,b 边一侧中部筋为 5 根直径 22 mm 的 HRB335 级钢筋,h 边一侧中部筋为 4 根直径 20 mm 的 HRB335 级钢筋,b、h 边另一侧中部筋均对称配置,箍筋为直径 10 mm 的 HPB235 级钢筋,加密区间距为 100 mm,非加密区间距为 200 mm。

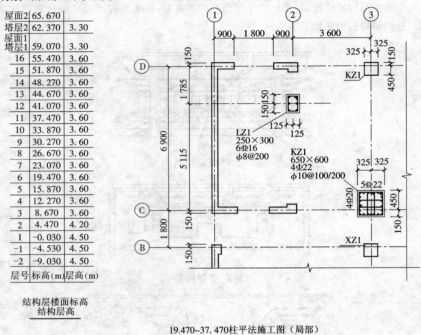

屋面2	65.670	
塔层2	62.370	3.30
屋面1 塔层1	59.070	3.30
16	55.470	3.60
15	51.870	3.60
14	48.270	3.60
13	44.670	3.60
12	41.070	3.60
11	37.470	3.60
10	33.870	3.60
9	30.270	3.60
8	26.670	3.60
7	23.070	3.60
6	19.470	3.60
5	15.870	3.60
4	12.270	3.60
3	8.670	3.60
2	4.470	4.20
1	-0.030	4.50
-1	-4.530	4.50
-2	-9.030	4.50
层号	标高(m)	层高(m)

结构层楼面标高
结构层高

19.470~37.470柱平法施工图(局部)

图 4-12　截面注写方式表达的柱平法施工图

实例 2　梁平法施工图

梁平法施工图的识图方法及图中的相关内容如下所述。

梁平法施工图平面注写方式,系在梁平面布置图上,分别在不同编号的梁中各选一根梁,在其上注写截面尺寸和配筋的具体数值,如图 4-13(a)所示,而不需要再画出如图 4-13(b)所示的梁截面配筋图,同时也不存在图 4-13(a)所示中相应的断面符号。

平面注写方式包括集中标注与原位标注,集中标注表达梁的通用数值,原位标注表达梁的特殊数值。当集中标注中的某项数值不适用于梁的某部位时,则将该项数值原位标注,施工时,原位标注取值优先。

(1)梁集中标注有梁编号:梁截面尺寸、梁箍筋、梁上部通长筋或架立筋、梁侧面纵向构造钢筋或受扭钢筋以及梁顶面标高高差等内容。

1)梁编号,由梁类型代号、序号、跨数及有无悬挑代号几项组成,其含义见表 4-1,如 KL2 (3A)表示该梁为框架梁,序号为 2,共有三跨,且一端带有悬挑。

2)梁截面尺寸,当为等截面梁时,用 $b×h$ 表示,300×650 表示这根梁宽 300 mm,高 650 mm;当为竖向加腋梁时,用 $b×h$ GY$c_1×c_2$ 表示,其中 c_1 为腋长,c_2 为腋高,详如图 4-14 所示;当为水平加腋梁时,一侧加腋时用 $b×h$ PY $c_1×c_2$ 表示,其中 c_1 为腋长,c_2 为腋宽,加腋部位应在平面图中绘制,如图 4-15 所示。当有悬挑梁且根部和端部高度不同时,用斜线分隔根部与端部的高度,即为 $b \times h_1/h_2$,其中 h_1 为根部高度,h_2 为端部高度,如图 4-16 所示。

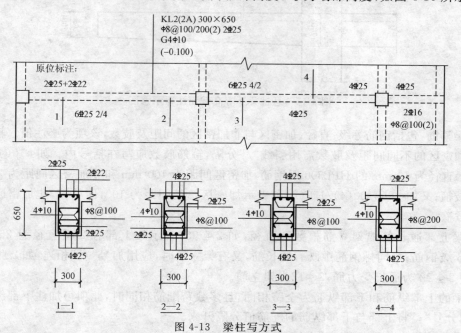

图 4-13　梁柱写方式

表 4-1　梁编号

梁类型	代号	序号	跨数及是否带有悬挑	备注
楼层框架梁	KL			
屋面框架梁	WKL			
框支梁	KZL	××	(××)、(××A) 或(××B)	(××A)为一端有悬挑,(×× B)为两端有悬挑,悬挑不计入 跨数
非框架梁	L			
井字梁	JZL			
悬挑梁	XL		—	

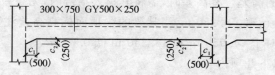

图 4-14　竖向加腋梁截面尺寸注写示意图

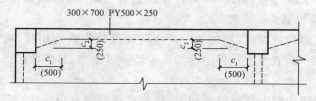

图 4-15　水平加腋截面注写示意图

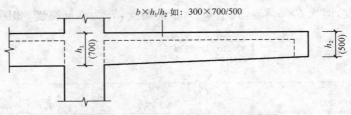

图 4-16　悬挑梁不等高截面注写示意图

3)梁箍筋,包括钢筋等级、直径、加密区与非加密区的间距及肢数,该项为必注值。箍筋加密区与非加密区的不同间距及肢数需用斜线"/"分隔,箍筋肢数应写在括号内。如Φ10@100/200(4),表示直径为 10 mm 的 HPB300 级钢筋,加密区间距为 100 mm 和非加密区间距为 200 mm,均为四肢箍;又如Φ8@100(4)/150(2)则表示加密区箍筋间距为 100,四肢箍,非加密区间距为 150,两肢箍。

4)梁上部通长筋或架立筋根数和直径,如 2 Φ25,表示梁上部有 2 根直径为 25 通长的 HRB335 级钢筋;当同排钢筋中既有通长筋,又有架立筋时,应用加号"+"相连,如 2 Φ22+2 Φ12,其中 2 Φ22 为通长受力筋,2 Φ12 为架立筋。

当梁的上部纵筋和下部纵筋为全跨相同,且多数跨配筋相同时,此项可加注下部纵筋的配筋值,用分号";"将上部与下部纵筋的配筋值分隔开来。

5)梁侧面纵向构造钢筋或受扭钢筋配置,该项为必注值。

①当梁腹板高度 $h_w \geqslant 450$ mm 时,需配置纵向构造钢筋,所注规格与根数应符合规范。此项注写值以大写字母 G 打头,连续注写设置在梁两个侧面的总配筋值,且对称配置。如 G 4 Φ12,表示梁的两个侧面共配置 4 Φ12 的纵向构造钢筋,每侧各配置 2 Φ12。

②当梁侧面需配置受扭纵向钢筋时,此项注写值以大写字母 N 打头,连续注写配置在梁两个侧面的总配筋值,且对称配置。受扭纵向钢筋应满足梁侧面纵向构造钢筋的间距要求,且不在重复配置纵向构造钢筋。如 N6 Φ22,表示梁的两个侧面共配置 6 Φ22 的受扭纵向钢筋,每侧各配置 3 Φ22。

6)梁顶面标高高差,该项为选注值。

梁顶面标高高差,系指相对于结构层楼面标高的高差值,对于位于结构夹层的梁,则指相对于结构夹层楼面标高的高差。有高差时,需将其写入括号内,无高差时不注。如某结构标准层的楼面标高为 44.950 m 和 48.250 m,当某梁的梁顶面标高高差注写为(-0.050)时,即表明该梁顶面标高分别相对于 44.950 m 和 48.250 m 低 0.05 m。

(2)梁原位标注有以下几项内容。

1)梁支座上部纵筋,该部位通长筋在内的所有纵筋:

①上部纵筋多于一排时,用斜线"/"将各排纵筋自上而下分开,如 6 Φ22 4/2 表示上一排纵筋为 4 Φ22,下一排纵筋为 2 Φ22。

②当同排纵筋有两种直径时,用加号"+"将两种直径的纵筋相联,将角部纵筋写在前面。如 2 Φ25+2 Φ22/3 Φ22,表示上一排纵筋为 2 Φ25 和 2 Φ22,其中 2 Φ25 放在角部,下一排纵筋为 3 Φ22。

③当梁中间支座两边的上部纵筋不同时,须在支座两边分别标注;当梁中间支座两边的上部纵筋相同时,可仅在支座的一边标注配筋值,另一边省去不注。

2)梁下部纵筋:

①当下部纵筋多于一排时,用斜线"/"将各排纵筋自上而下分开,如 6⊈25 2/4,则表示上一排纵筋为 2⊈25,下一排纵筋为 4⊈25,全部伸入支座。

②当同排纵筋有两种直径时,用加号"+"将两种直径的纵筋相联,角部的钢筋应放在前面。如 2⊈22/2⊈25＋2⊈22,表示上一排纵筋为 2⊈22,下一排纵筋为 2⊈25 和 2⊈22,其中 2⊈25 放在角部。

③当梁下部纵筋不全部伸入支座时,将梁支座下部减少的数量写在括号内。如 6⊈252(－2)/4,则表示上一排纵筋为 2⊈25,且不伸入支座;下一排纵筋为 4⊈25,全部伸入支座。

④如果梁的集中标注中分别注写了梁上部和下部均为通长的纵筋值时,则不需在梁下部重复做原位标注。

⑤当梁设置竖向加腋时,加腋部位下部斜纵筋应在支座下部以 Y 打头注写在括号内,如图 4-17 所示。当梁设置水平加腋时,水平加腋内上、下部斜纵筋应在加腋支座上部以 Y 打头注写在括号内,上下部斜纵筋之间用"/"分隔。如图 4-18 所示。

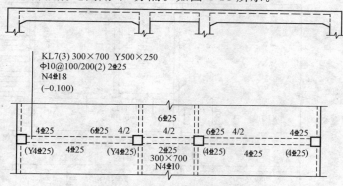

图 4-17 梁加腋平面注写方式表达

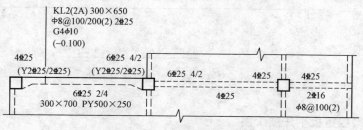

图 4-18 梁水平加腋平面注写方式

3)当在梁上集中标注的内容(即梁截面尺寸、箍筋、上部通长筋或架立筋,梁侧面纵向构造钢筋或受扭纵向钢筋,以及梁顶面标高高差中的某一项或几项数值)不适用于某跨或某悬挑部分时,则将其不同数值原位标注在该跨或该悬挑部位,施工时应按原位标注数值取用。当在多跨梁的集中标注中已注明加腋,而该梁某跨的根部却不需要加腋时,则应在该跨原位标注等截面的 $b×h$,以修正集中标注中的加腋信息,如图 4-17。

4)附加箍筋或吊筋,将其直接画在平面图中的主梁上,用线引注总配筋值(附加箍筋的肢数注在括号内)如图 4-19 所示。当多数附加箍筋或吊筋相同时,可在梁平法施工图上统一注明,少数与统一注明值不同时,再原位引注。

截面注写方式既可以单独使用,也可与平面注写方式结合使用,如图 4-20 所示。

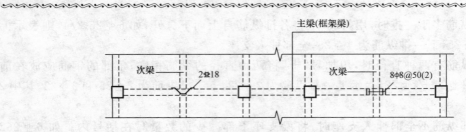

图 4-19　附加箍筋和吊筋的画法

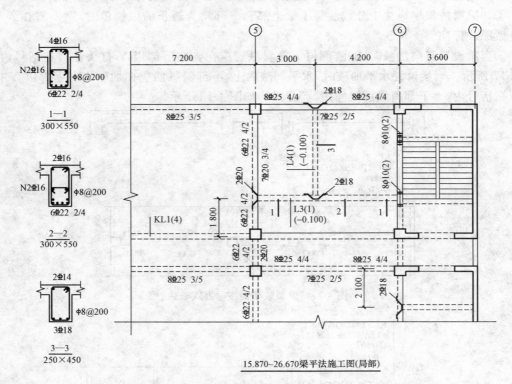

15.870~26.670梁平法施工图(局部)

图 4-20　梁平法施工图截面注写方式

实例 3　有梁楼盖板平法施工图

图 4-21 为有梁楼盖板平法施工图,识读内容如下所述。

板块集中标注包括板块编号、板厚、贯通纵筋以及当板面标高不同时的标高高差等内容。贯通纵筋按板块的下部和上部分别注写(当板块上部不设贯通纵筋时则不注),以 B 代表下部,以 T 代表上部,B&T 代表下部与上部;X 向贯通纵筋以 X 打头,Y 向贯通纵筋以 Y 打头,两向贯通纵筋配置相同时则以 X&Y 打头(当两向轴网正交布置时,图面从左至右为 X 向,从下至上为 Y 向)。当为单向板时,另一向贯通的分布筋可不标注,而在图中统一注明。当在某些板内配置有构造筋时,则 X 向以 Xc、Y 向以 Yc 打头注写。

如图 4-21 所示中的"LB1;$h = 100$;B:X&Y Φ8@150;T:X&Y Φ8@150"表示 1 号楼面板,板厚 100 mm,板上、下部均配置了Φ8@150 的双向贯通纵筋,楼面板相对于结构层楼面无高差。

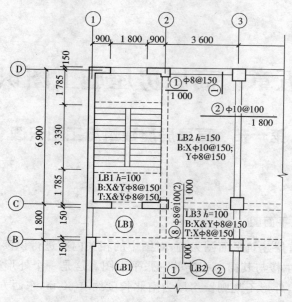

图 4-21　有梁楼盖板平法施工图

标注时,应在配置相同跨的第一跨表达,垂直于板支座(梁或墙)绘制一段长度适当的中粗实线,以该线段代表支座上部非贯通纵筋,在线段上方注写钢筋编号、配筋值及横向连续布置的跨数(注写在括号内,一跨时可不注)。

在一个部位注写清楚后,对其他相同者仅需在代表钢筋的线段上注写编号及横向连续布置的跨数即可。

板支座上部非贯通筋自支座中线向跨内的延伸长度,注写在线段的下方位置。当中间支座上部非贯通纵筋向支座两侧对称延伸时,可仅在支座一侧线段下方标注延伸长度,另一侧不注。

如图 4-21 所示中,板 LB2 内支座上部配置非贯通筋,①号筋为"Φ8@150",自支座中线向一侧跨内延伸,长度为 1 000 m;②号筋为"Φ10@100",自支座向两侧跨内对称延伸,长度均为 1 800 m。板 LB3 内支座上部配置⑧号非贯通筋,为"Φ8@100",向跨内延伸长度为 1 000 m,横向连续布置两跨。

二、基础知识

平法制图介绍见表 4-2。

表 4-2　平法制图介绍

项　目	内　容
适用范围	平法制图适用于各种现浇混凝土结构的柱、剪力墙、梁等构件的结构施工图设计
表达方法	在平面布置图上,表示各构件尺寸和配筋的方式,分为平面注写方式、列表注写方式和截面注写方式 3 种;针对现浇混凝土结构中柱、剪力墙和梁构件,分别有柱平法施工图、剪力墙平法施工图和梁平法施工图 3 类

第五章 高层房屋施工图识读

第一节 高层房屋建筑施工图识读

一、应用实例

实例1 首层建筑平面图

现以某商业中心首层建筑平面图为例,对图中的相关内容进行识读。

(1)图5-1是一个主楼与其裙房相连的一张平面图。这是一个外形变化较多的平面图,有直线部分,有弧形部分,外形不规则。房屋为南北长度约有60 m,东西方向在北侧长约60m多一点,南侧端头直线部分为24 m(轴线至轴线)。

从图上可以看出东北角一块为主楼部分,其余南面一块和西边一块为相连的裙房。其中柱距基本为8 m。共有柱子58根,外墙有幕墙及砌筑的墙体,这是总体的形状。

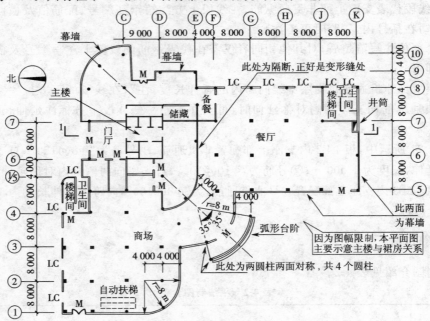

图 5-1 首层建筑平面图

(2)从图上可以看出首层平面的布局,南面为餐厅,角上有上二层的楼梯间和公共卫生间;西部为商场,有上二层的自动扶梯的位置和东北角上有卫生间和上二层的楼梯间。

可以看出大楼的主入口为朝西南方向的,大门为弧形墙和弧形门。门前有4 m宽的弧形平台以及台阶3级。建筑外观该处4根柱子为圆形柱,组成一座门廊。圆柱中心的定位在图上也作了交代,即主楼西南角两柱中心的连线延长,离第二根柱中心4 m处为定位的圆心。以与中心线夹35°

角,且半径为 8 m 和 12 m 定出这 4 根圆柱的中心。这点也是看这张平面图的一个主要点。

(3)从图上的识图箭可以看出,主楼与裙房隔断处正好是一条在房屋内的变形缝。这就要在看全套建筑图时,去查找变形缝的具体做法的详图。另外从图上看出,主楼的主入口为朝北的大门。它自成体系与裙房无直接通联的地方。主楼中心黑墨线所框的部分,即为结构上称谓的筒体,这个主楼就是外围为框架,内心为筒体的框筒结构。

(4)把大幅图缩小,图纸比较简单,但从图上也可以看出在窗的部位注的是 LC,这说明是铝合金窗,门的部位用 M 表示,正式图纸则有门窗表来加以说明,或指出使用何标准图册,或有专门绘制的门窗详图来表示。

实例 2 主楼标准层建筑平面图

如图 5-2 所示,该图为某写字楼主楼标准层建筑平面图,可以从中看到该建筑主楼标准层的形状。下面我们就对该图进行讲解识读。

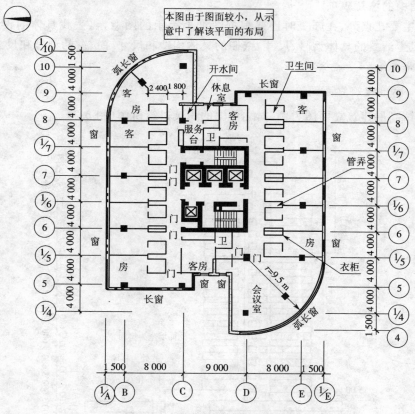

图 5-2 主楼标准层建筑平面图

(1)总体概念。

从图 5-2 中可以看到该建筑的主楼标准层的形状。它南北宽为 28 m,东西长为 39 m。东北角和西南角为弧形的长窗。中心筒体部分为电梯间和楼梯间、储藏室、电梯间通道厅。环着中心筒体的是标准的客房房间,开间为 4 m。在主楼中共有 16 根大柱子,外围墙离柱中心有 1.5 m 的距离,墙在轴线处有构造柱(图上黑色点表示)。

(2)外角弧形墙体。

再看外角弧形墙体,是由从左至右第二列柱和第三列柱中的 2 根柱子中心,与竖向轴线的夹角为 45°的方位定出弧墙中部处的角柱。并可以看出弧墙中心与定位柱中心的距离为 9.5 m,并以它为半径定出弧形墙及楼面弧形位置。这点也是看图时要掌握的。

（3）标准层的细部。

再看细部,如客房的尺寸,除个别外,大部分客房为 4 m 开间,这在图侧均有从隔断墙中至中线的尺寸,而进深则就要通过计算才能知道。如左右两侧的客房,从中间列柱到客房入口隔墙中心为 1.8 m,客房卫生间和通道尺寸进深为 2.4 m,余下为客房的进深了。那么它的尺寸就是柱轴线间距 8 m,减去 1.8 m 和 2.4 m,再加上墙体离边柱轴线的 1.5 m,即等于 5.3 m。这 5.3 m 不是净空进深,而是外墙中心至内隔墙中心的尺寸。至于具体净空是多少尺寸,则要看外墙厚度和隔墙厚度各为多少,再用 5.3 m 减去就可以得出来了。这说明看图不光是看到可见的注明的尺寸,而有些尺寸则要从看图理解中通过计算或核对才能得出来,这也是看图中要记住的(由于图面小,本图隔墙仅用墨线表示)。

（4）识图中的注意事项。

除上述主要几点外,在施工时还要根据图纸上表示的图意,再去找具体的设计说明及详图,如选用卫生洁具的具体型号、尺寸,壁橱的具体构造和尺寸,门、窗的型号和尺寸等等,才能充分掌握该张图纸。

实例 3　高层建筑立面图

以某宾馆高层建筑立面图为例,对立面图的识读进行讲解(图 5-3)。

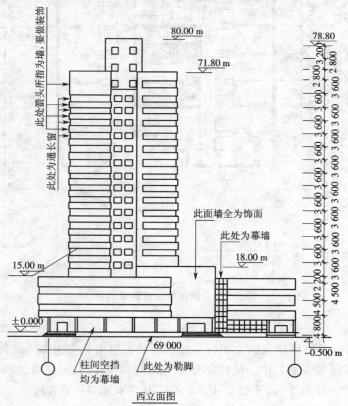

图 5-3　某宾馆高层建筑立面图

（1）从图 5-3 中可以看出,该立面南至北最外的轴间投影尺寸为 69 m;室内外高差为

50 cm;最高点标高为 80 m。还有 3 层裙房与主楼共组成楼层的不同层高是:4.8、4.5、4.5 m;再加 2.20 m 的设备层,然后就是主楼的标准层了。从图上可以看出同层高的标准层共有 15 层,每层层高为 3.6 m,最高层数的 3 层,其层高分别为 2.8、2.8、3.2 m,这 3 层可能就不是像标准层一样作客房用了,而是电梯机房、上屋顶的楼梯间等。

(2)从立面图上可以看出裙房部分墙面做法有:幕墙、饰面;标准层部分是通长长窗,窗台下墙面要做装饰,这要看建筑总说明来了解是做贴面,还是做涂料;此外还有勒脚和台阶,这也要看具体的详图,才能够知道如何做法和怎样施工。

(3)由图发现最高点和房屋最顶层的顶标高之间有:80 m－78.8 m=1.2 m 的差,这要从看图中想到这 1.2 m 的高就可能是屋顶女儿墙的高度。这样再从详细的构造图上去查看女儿墙的做法和构造尺寸。

再有在立面左侧看到边线不是一条直线竖直下来,而是弓形变化,这是因为外墙上窗子立在墙中间,其窗的外侧投影和墙的外侧投影线是不在同一竖向平面上。这也要从看图中能够理解。

还有是高层中间两樘窗的两边是上下两条竖直线,这点从标准层平面图上可以看到,这是中间有窗的一块,是比边上两侧墙体凹进去一块的。看图时通过与平面图结合看,应形成这么一个立体的概念。

实例 4　高层建筑剖面图

某高层建筑剖面图如图 5-4 所示。从图上可以看出竖向被剖到的墙、窗、门的情形以及横向的楼板、梁的位置。下面我们对该图进行一一识读。

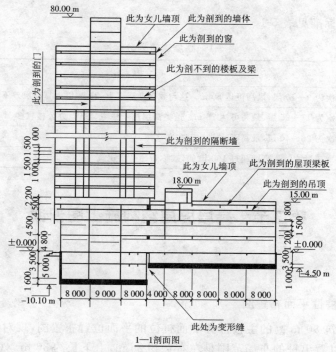

图 5-4　某高层建筑剖面图

(1)注意事项。

该图由于层数较多,主楼部分标准层中用了断裂线省略了部分层次的重复绘图。此外由于立面图上标注了每层尺寸和标高,本图又省去了一部分竖向尺寸,只注了几个主要标高。这都要在结合看图中互相理解。

(2)主要特点。

高层建筑剖面图主要特点是了解±0.000以下地下室部分的竖向尺寸和标高,在未看结构具体图之前形成初步的概念,从而知道地下室埋置多深。从图左侧就可以看到:地下室底板厚为1.6 m,底层层高为5.0 m,二层层高为3.5 m。再往上就是首层4.8 m、二层4.5 m、三层4.5 m、设备层2.2 m等。

(3)剖面图的布局。

可以看到标准层的窗口高度为1.5 m,窗台下墙高为1.0 m,窗口上墙体为1.1 m,层高即为3.6 m。还有可以发现有客房的标准层为10层,非客房的同层高的为5层。因为有客房的在剖面图上可看到有竖向两道隔墙的层次(如识图箭所示),其上5层没有隔墙,则可能作为会场、娱乐、舞厅之类的应用。再从剖面图上可看出中间最高的3层,是平面上粗墨线筒体的平面部分,而不是全部主楼(塔楼)的部分。

(4)剖面图的梁板剖切层。

从剖面图上梁板剖切层下,都有一条线,这条线是房间内吊顶的水平线(如识图箭所注),从而说明房屋内的房间均有吊顶。具体的则要看详图,这在看大图时不能忽略的,从而形成整体概念。还有是从左至右第四道轴线处有条变形缝。

二、基础知识

高层建筑划分标准见表5-1。

表5-1　高层建筑划分标准

项　目	内　容
第一类高层	层次为9~16层,最高可达50 m。这与我国8层以上、25 m以上算高层差不多
第二类高层	层次为17~25层,最高可达75 m。这类高层用于住宅、旅馆、办公楼较多
第三类高层	层次为26~40层,最高可达100 m左右
第四类高层	层次超过40层,高度超过100 m的,被称为超高层建筑

第二节　高层房屋结构施工图识读

一、应用实例

实例1　主楼桩位平面布置图

图5-5为某建筑80 m高的主楼部分下面桩位的平面位置布置图,现对该图进行识读。

(1)从图上可以看出桩的布局范围是左右宽约25 m,上下长约36 m。总计桩数为269根,其中3根黑色的为试桩位置。图上省略了13列桩的绘制,在看图箭指出处均注了说明。在图上还可看出在Ⓖ轴及Ⓖ轴以下,Ⓢ轴及Ⓢ轴以上,布置桩位的网格线上不需打桩的共有上下46根。再有其中的黑色桩位为试桩的点,是表示要求施工单位在全面打桩前先行打入的,经试验合格后才能全面开始打桩。若试验不合格,则设计部门要重新布置桩位图。

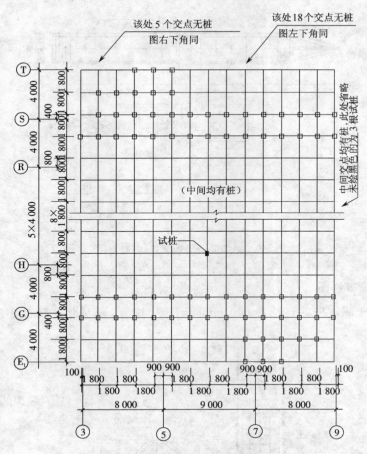

图 5-5 主楼桩位平面布置图

(2)从图上还可看出桩与桩之间的中心距离为 1.8 m,上下左右均相同。因此在施工时测量确定桩的位置要以此为准,并要注意这些桩位形成的网格线和图纸上轴线图 5-5 桩位平面布置图间的尺寸关系,才能准确定位,保证工程质量。如从图下部往上数第三道桩位线,它与⑥轴线的关系是向下 400 mm;又如左右两边的桩位线与③轴、⑨轴均偏过 100 mm。其他在图上可以看出有相距 800 mm、900 mm 等。只要看图仔细,轴线定位准确,看了该图后,桩位也就比较容易定出来了。

实例 2 预制桩(方桩)详图

图 5-6 为钢筋混凝土预制桩(方桩)详图,从图中我们可以看出预制桩的组成及所采用的材料等内容。

(1)图 5-6 为 400 mm×400 mm 的方形预制桩。从图上可以把桩分成三部分来看:尖的部分称为桩尖,是打入土的尖钻部分;中间最长的那部分称为桩身;平头有预埋铁板的部分称为桩头。

(2)从图的边上说明中可了解到该桩采用 C40 强度等级的混凝土浇灌成型;主筋采用 HRB335 级钢,箍筋和桩头网片采用 HPB235 级钢;预埋铁板采用 A3 钢。桩的尺寸为长 2 000 mm,断面为 400 mm×400 mm;主钢筋为⊉22,箍筋为Φ8@200。

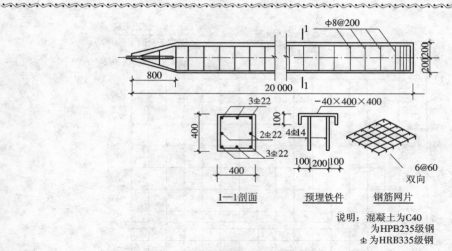

图 5-6　钢筋混凝土预制桩(方桩)详图

实例 3　灌注桩详图

某钢筋混凝土灌注桩的直径为 600 mm;长度为 12 m,现对此灌注桩详图(图 5-7)进行识读。

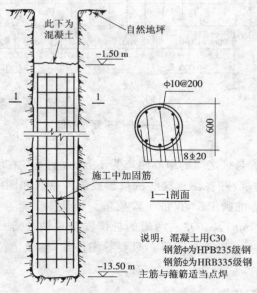

图 5-7　钢筋混凝土灌注桩详图

(1)从图 5-7 上可以看出它的直径为 600 mm;长度为 12 m(中间有断裂线省略部分长度)及顶面标高等相关内容。

(2)在图上还可以看出它用的主筋为Φ20,共 8 根,均匀分布在圆周上;箍筋为ϕ10,间距 200 mm,要求交接点用电焊点牢。点牢的目的是比绑扎稳固,在用吊机把钢筋笼放入钻孔内时,不易变形走样。在施工中有的还采取斜向拉结钢筋,保证形状不变的措施,而这种钢筋图纸上是没有的。

(3)从图角上的说明中可以知道:混凝土采用 C30 强度等级;主筋为 HRB335 级钢、箍筋为 HPB235 级钢。

实例 4　地下室底板平面图

某商场地下室底板平面图如图 5-8 所示,现对该平面图进行识读。

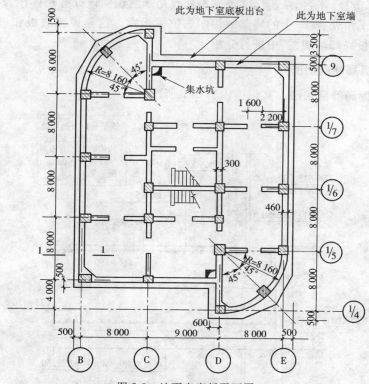

图 5-8　地下室底板平面图

(1)基本概况。

从图 5-8 中可以看出,该底板东西长为轴线尺寸,是 36.5 m,南北宽为 26 m。

其实心的混凝土底板比其上面的地下室外围要宽出一个台,其尺寸约为轴线外 500 mm 或墙边外 500 mm。

(2)注意问题。

需要注意的是本图主要的作用是提供支撑模板的尺寸,了解墙柱的位置、轴线和编号、断面大小。具体配筋、所用混凝土强度等级则要看具体的详图。此外,看图时还应注意与建筑图进行对照,看看尺寸、位置是否相符,不要只看一张图。

(3)识读。

1)底板向上伸出柱子共 22 根,其中中间 6 根为筒体的墙内柱,到±0.000 后即为隐入墙内,变成墙筒体的加强柱了。而其他 16 根柱则一直到主楼顶层约 70 m 标高处。

2)除打阴影线的柱外,其余均为墙体,从该图上可以看出箱基底板平面图出外墙厚为 400 mm,筒体内墙厚为 300 mm,各墙体均留有进出口,其中一处标的尺寸为 1 600 mm,即 1.6 m 宽。其他省略未标,只要知道是个门洞口即可。

3)东北角及西南角的弧形墙,在图纸上也作了定位的标志,即从第二列、第三列的左上角第二根柱和右下角第二根柱中心为圆心,以与该柱垂直相交的轴线为中心角的边线,由柱心引出与边线交角 45°的斜向中心线,并量出 8 160 mm 的长度为半径,从而定出外墙弧形的外边线，以及定出弧上的角柱。这点也是具体看图时应注意的。

4）在筒体墙处应看到有两座上下的楼梯。在真正看图时就要结合查看具体的楼梯图纸，才能知道其长度、宽度、平台、踏步尺寸等。本处仅是示意说明该处有楼梯作为上下交通用。

5）在图的左下角处有1—1的局部剖切图的位置示意。这是说明底板和该处墙体构造的详细情况，在"底板局部剖切图"中进行介绍。

实例5　底板局部剖切图

图5-9为底板局部剖切图。其识读内容如下所述。

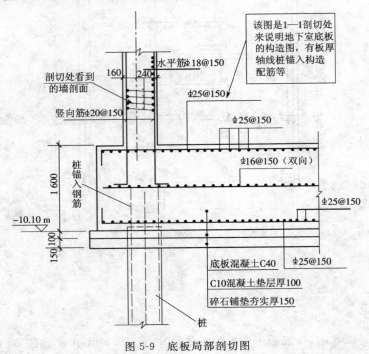

图5-9　底板局部剖切图

（1）从图5-9中可以看出，底板挖土至底标高为−10.10 m，再加垫层和碎石，即土面的基面标高为−10.35 m。底板的厚度为1.6 m，桩头要伸入底板，并将桩头上的钢筋经破桩头伸入底板。再有可看出墙壁板的厚度为400 mm，而轴线是偏中40 mm的，轴线外侧为160 mm，内侧为240 mm。

（2）从图上可以看出钢筋的配置，1.6 m厚的底板，其底层钢筋为Φ25@150，纵横方向均相同，而面层钢筋也为HRB335级钢直径25 mm、每根钢筋的中心距离为150 mm（这是说明2Φ5@150的意思）。

在中间部位一般1.6 m厚的1/2处，配置了Φ16@150，纵横方向均相同的钢筋层。

这时看图还应联想到施工，这两层钢筋如何架起来，这就要根据钢筋的重量、施工荷重、浇混凝土的冲力，经过施工计算设置撑铁来支架上层钢筋。应设多少，一根撑铁支撑多少面积，均由计算确定。这类钢筋在设计的施工图上是没有的，而实际施工中则是需要的，在工地现场也是能看到的。

（3）从图上引出线可以看出底板的混凝土强度为C40，这在目前来看是强度较高的，这也就提醒我们要提前进行混凝土配合比的设计和试配。再有是垫层100 mm为C10强度的混凝土,还有 150 mm 碎石铺垫在地基土上。这要求我们施工做好厚度标高控制,以达到图纸的要求。

(4)除了底板配筋,也能看到墙壁配的配筋情况。图上标注出墙板的竖向钢筋为 Φ 20@ 150,其伸入底板锚固坐落在底板中间一层钢筋上。伸入长度为 800 mm,约为 Φ 20 的 $40d$(40 倍直径),按规范规定是足够了。墙板的水平钢筋为 Φ 18@150,竖筋和水平筋分为内外两层。

实例 6　主楼标准层结构平面图

图 5-10 是某商业区主楼标准层结构平面图,在识读过程中,不但要了解其整体状况,还要对柱子、各编号梁以及筒体结构部分的详图进行识读,其具体内容如下。

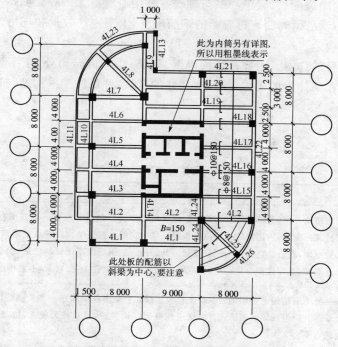

图 5-10　某商业区主楼标准层结构平面图

(1)整体识读。

1)从图 5-10 中可以看出,外框架的尺寸、主轴线的距离和底板的柱距尺寸均是相同的。内筒的外围尺寸是左右轴线间距离为 9 m,上下墙中心间的距离是 12 m。再有是平面图的左侧向外挑出了 1.5 m,这可以与建筑剖面图对照看出。还有是平面上梁的间距大部分为 4 m,少数为 3 m 和 2.5 m。这些就是看平面图首先应掌握的。有了这些尺寸概念,对施工时模板制作、拼装以及钢筋长度的要求可以有一个大致的“心中有数”。

2)可以看到柱的编号(本图已省略)、梁的编号为 4L1~4L26 等。其中 L 代表梁,前面的 4 一般代表楼面的层次。在图上还可以发现在上部 4L13 的两端多了两个小柱子,这小柱子不属于主结构中的柱,而是建筑上需要为架设 4L13 这根梁而设置的。具体的尺寸、长短就要相应去查找该详图了。

3)可以看出板的配筋图及板的厚度。板的厚度在 4L 梁上空白处标注出 $B=150$,说明该混凝土的板为 150 mm 厚。板的配筋由于图面较小,只绘了示意图形,说明板的配筋为分离式配置,梁上为承担支座弯矩的带90°直钩的上层筋,板下为伸入梁内的按开间尺寸下料的钢筋。这里上部钢筋是Φ10@150,下部钢筋为Φ8@150。其他部分钢筋均省略未绘。应注意的是弧形面处的板的配筋应以中间梁为中心,钢筋的长度是变化的,配钢筋时要按比例绘出大样图进行量取尺寸确定各根钢筋的长度变化。

(2)详图识读。

1)柱子的详图。根据柱子的编号查到该柱的断面尺寸、高度、钢筋配置的规格数量、箍筋的间距,梁柱节点的构造要求及形式。

2)各编号梁的详图。应根据梁的层次来查。一般同层次的详图都是连在一起的几张图。要看梁的断面尺寸、净跨度长、梁中心线与轴线或柱中心线有无偏心。如本平面上就可以看出4L22中心线与柱心就是偏离的。再看梁的钢筋配置,上下主筋数量和规格、箍筋规格和间距,以及梁柱节点处的构造。

3)筒体结构部分的详图。主要是墙的厚度、配筋;墙体内转角处、丁字处的隐性柱的构造和配筋等。再有是在筒体内的楼梯详图、电梯井的基坑、井筒的一些构造与要求。

二、基础知识

高层房屋的结构类型见表 5-2。

表 5-2 高层房屋的结构类型

结构类型	内　容
框架结构	框架结构可用钢筋混凝土材料做成,也可用型钢材料做成。前者一般高度在 50 m 左右;后者若采用密柱式外框,其内用筒体则可以建筑超高层的房屋。框架结构的特点是建筑布置较灵活,可以形成较大的空间,在公共建筑中采用较普遍。其若用一般钢筋混凝土材料建造,由于它抗水平荷载的刚度和强度较弱,抗震性能也较差些,因此一般该类结构宜建在 16 层以下,不宜再过高
框架剪力墙结构	框架剪力墙结构主要用钢筋混凝土材料建成。它是由框架和在一些关键部位设置抗剪力的钢筋混凝土墙体共同组成的结构形式。它优于纯框架结构类型,承载能力较大,抗震性能也较好,建筑布局上也较方便
剪力墙结构	剪力墙结构是以墙体联结成的一种多功能、强度高的结构体系。主要用钢筋混凝土材料建造,其抗震性能好,仅适用于公寓、住宅和旅馆建筑。目前世界上采用这种结构形式的已建到 70 层楼的房屋,进入超高层这一范围
筒体结构	这是近几十年来,为建造超高层建筑而研究出的新型结构体系。它可分为框架加内筒的结构、外筒体加内筒体形成的筒中筒结构两大类。 　　框筒结构是在建筑外围部分采用梁、柱结合的框架,其结构中心部位如楼梯间、电梯井及有些房间组成以墙体为主的筒形(一般为方形)结构,用梁板把外框架与内筒联结起来,形成称为的框筒结构。 　　筒中筒结构体系是外围用墙体组成外筒,或用密柱(间距较小)组成称为密柱筒体;内部中心位置和框筒结构一样是一个高强度钢筋混凝土内筒,这样内外由梁、板联结后,整个建筑就称为筒中筒结构

第六章 构筑物施工图识读

第一节 烟囱施工图识读

一、应用实例

实例 1 烟囱外形图

图 6-1 为某化工厂的烟囱外形图。其识图内容如下所述。

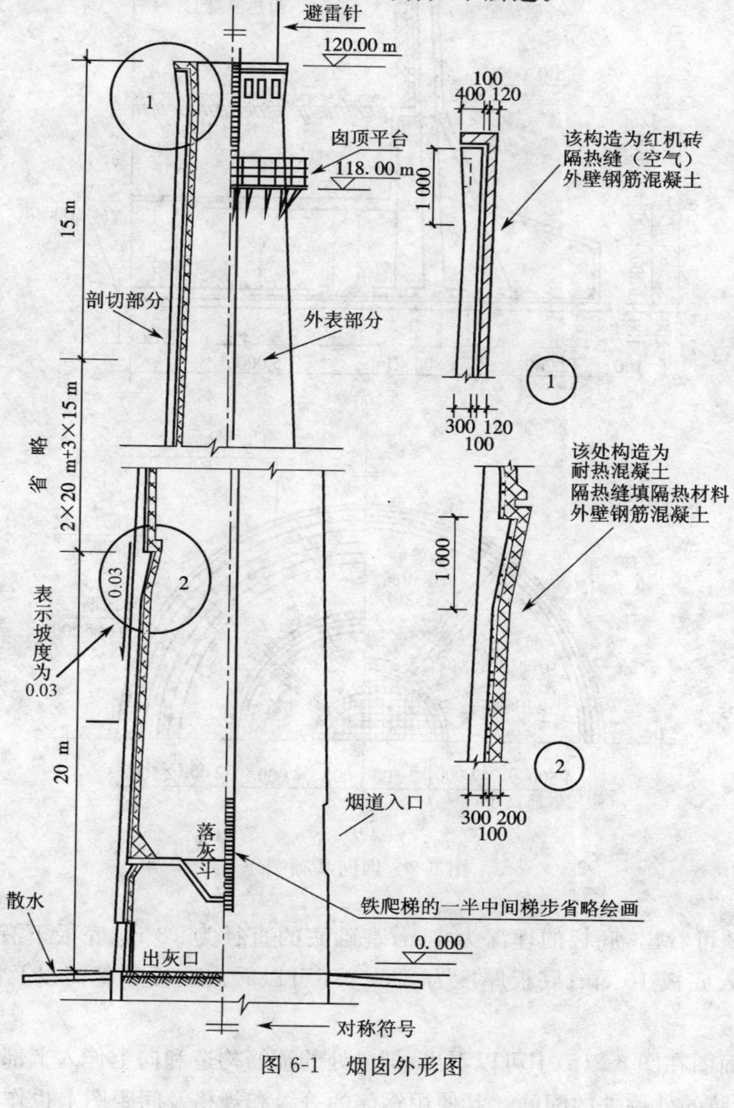

图 6-1 烟囱外形图

(1)从图 6-1 中可以看出,烟囱高度从地面作为 ±0.000 点算起有 120 m 高。±0.000 以下为基础部分,另有基础图纸,囱身外壁为 $i=0.03$ 的坡度,外壁为钢筋混凝土筒体,内衬为耐热混凝土,上部内衬由于烟气温度降低采用机制黏土砖。

(2)囱身分为若干段,如图上标出的尺寸,有 15 m 段及 20 m 段两种尺寸。并在分段处的节点构造用圆圈画出,另绘详图说明。

(3)壁与内衬之间填放隔热材料,而不是空气隔热层。在囱身底部有烟囱入口位置和存烟灰斗和下部的出灰口等,可以结合识图箭注解把外形图看明白。

实例 2　烟囱基础图

某焦油厂的烟囱基础如图 6-2 所示,其识读内容可概括为如下几点。

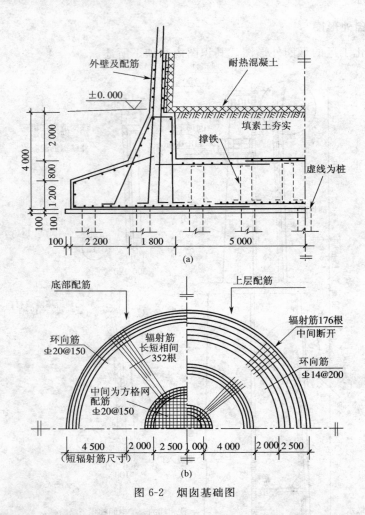

图 6-2　烟囱基础图

(1)从图 6-2 可看出,底板的埋深为 4 m;基础底的直径为 18 m;底板下有 10 cm 素混凝土垫层;桩基头伸入底板 10 cm;底板厚度为 2 m。还可以看出底板和基筒以及筒外伸肢底板等处的配筋构造。

(2)竖向剖面图在图 6-2(a)中可以看出,烟壁处的配筋构造和向上伸入上部筒体的插筋。同时可以看出伸出肢的外挑处的配筋。其使用钢筋的等级和规格及间距图上也作了注明。

（3）底板配筋从图 6-2(b)中可以看出分为上下两层的配筋。且分为环向配筋和辐射向配筋两种。

具体配筋如图上注明的规格及间距。

实例 3 烟囱局部详图

图 6-3 所示为某炼油厂烟囱局部详图。其识读方法如下。

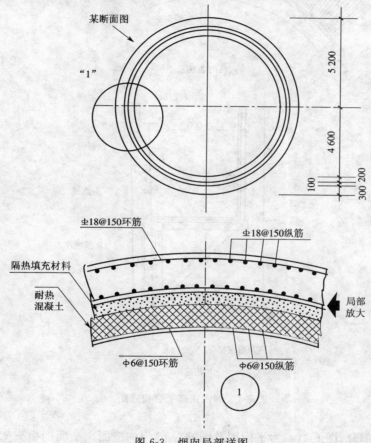

图 6-3 烟囱局部详图

（1）注意事项。

该图仅截取其中某一高度的水平剖切面的情形，实际施工图往往是在每一高度段都有一个水平剖面图，来说明该处的囱身直径、壁厚、内衬的尺寸和配筋情况。

（2）横断面。

该横断面外直径为 10.4 m，壁厚为 30 cm，内为 10 cm。隔热层和 20 cm 的耐热混凝土。

（3）外壁。

外壁为双层双向配筋，环向内外两层钢筋；纵向也是内外两层配筋。配筋的规格和间距图上均有注明，读者可以结合识图箭查看。应注意的是在内衬耐热混凝土中，也配置了一层竖向和环向的构造钢筋，以防止耐热混凝土产生裂缝。

实例 4 烟囱顶部平台构造图

以某工厂烟囱顶部平台构造图为例（图 6-4），对图中相关内容进行识读。

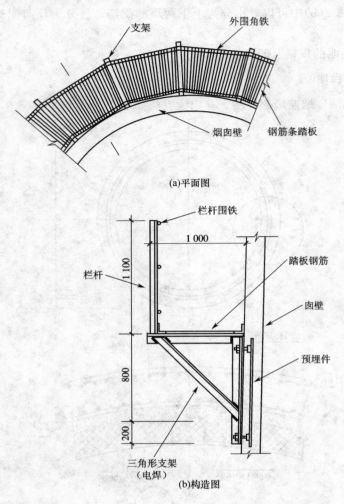

(a)平面图

(b)构造图

图 6-4　烟囱顶部平台构造图

该图分为两部分,图 6-4(a)为平面图及图 6-4(b)为构造图。平面图由支架、烟囱壁、外围角铁和钢筋条踏板组成。构造图中标明了各部分的详细尺寸,施工时照此施工即可。

二、基础知识

1.烟囱施工图的类别

烟囱是在生产或生活中需采用燃料的设施,用来排除烟气的高耸构筑物。它是由基础、囱身(包括内衬)和囱顶装置三部分组成的。外形有方形和圆形两种,以圆形居多。材料上可以用砖、钢筋混凝土、钢板等做成。砖烟囱由于大量用砖,耗费土地资源,已不再建造。而钢筋混凝土材料建成的烟囱,由于它刚度好,且稳定,已达到高度 200 m 以上。钢板卷成筒形的烟囱,仅用于一般小型加热设施,构造简单,这里也不作专门介绍。

2.烟囱的构造

烟囱的构造见表 6-1。

表 6-1 烟囱的构造

构 造	内 容
烟囱基础	在地面以下的部分均称为基础,它是由基础底板(很高的烟囱,底板下还要做桩基础)、底板上有圆筒形囱身下的基座。基础底板和外壁用钢筋混凝土材料做成;用耐火材料做内衬
囱身	烟囱在地面以上部分称为囱身。它也分为外壁和内衬两部分,外壁在竖向有 1.5%～3% 的坡度,是一个上口直径小,下部直径大的细长、高耸的截头圆锥体。外壁是由钢筋混凝土浇筑而成,施工中采用滑模施工方法建造;内衬是放在外壁筒身内,离外壁混凝土有 50～100 mm 的空隙,空隙中可放隔热材料,也可以是空气层。内衬可用耐热混凝土浇筑做成,也可以用耐火砖进行砌筑,烟气温度低的,也可用黏土砖砌
囱顶	囱顶是囱身顶部的一段构造。它在外壁部分模板要使囱口形成一些线条和凹凸面,以示囱身结束,烟囱高度到位,同时由于烟囱很高,顶部需要安装避雷针、信号灯、爬梯到顶的休息平台和护栏等,所以该部位较其下部囱身施工要复杂些,因此构造上单独划为一个部分

第二节 水塔施工图识读

一、应用实例

实例 1 水塔立面图

以某大型小区水塔立面图为例,对图中内容进行识读。

(1)从图 6-5 上可以看出水塔构造比较简单,顶部为水箱,底标高为28.000 m,中间是相同构造的框架(柱和拉梁),因此用折断线省略绘制相同部分。

(2)在相同部位的拉梁处用 3.250、7.250、11.250、15.250、19.250、23.600 m 标高标志,说明这些高度处构造相同。下部基础埋深为 2 m,基底直径为 9.60 m。

(3)此外还标志出爬梯位置,休息平台,水箱顶上有检查口(出入口),周围栏杆等。

(4)在图上用标志线作了各种注解,说明各部位的名称和构造。

实例 2 水塔基础图

某工厂的水塔基础图如图 6-6 所示。从图中应当获取的信息如下所述。

(1)在图 6-6 上表明底板直径、厚度、环梁位置和配筋构造。可以读出直径为9.6 m,厚度为 1.10 m,四周有坡台,坡台从环梁边外伸 2.05 m,坡台下厚 30 cm,坡高 50 cm。上部还有 30 cm 台高才到底板上平面。这些都是木工支模时应记住的尺寸。

(2)图上绘有环梁构造的横断面配筋图和柱子配筋断面图,根据它们的尺寸可以支模和配置钢筋施工。

(3)底板和环梁的配筋,由于配筋及圆形的对称性,用 1/4 圆表示基础底板的上层配筋构造,是 φ12 间距 20 cm 的双向方格网配筋,范围在环梁以内,钢筋伸入环梁锚固。钢筋长度随环梁外周直径变化。另外 1/4 圆表示下层配筋,这是由中心方格网 φ14@200 和外部环向筋 φ14(在环梁内间距 20 cm,外部间距 15 cm)、辐射筋 φ16(长的 72 根和短的 72 根相间)组成了底部配筋布置。

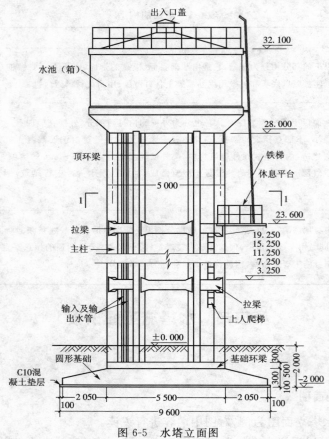

图 6-5 水塔立面图

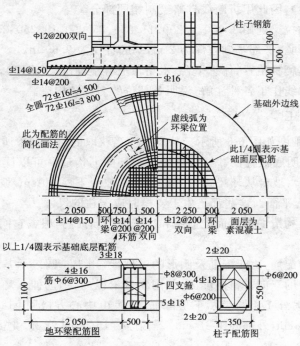

图 6-6 钢筋混凝土水塔基础图

实例 3 水塔支架构造图

以某大型小区水塔支架构造图为例,对图中内容进行识读。

(1)图 6-7 是图 6-5 立面图上 1—1 剖面的投影图。这个框架是六边形的;有 6 根柱子,6 根拉梁,柱与对称中心的连线在相邻两柱间为 60°角。平面图上还表示了中间休息平台的位置、尺寸和铁爬梯位置等。

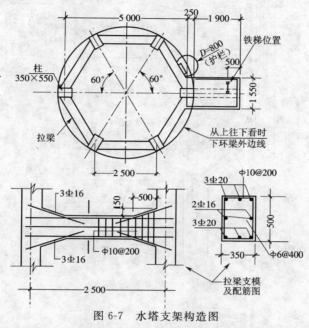

图 6-7 水塔支架构造图

(2)拉梁的配筋构造图,表明拉梁的长度、断面尺寸、所用钢筋规格。图上还可看出拉梁两端与柱联结处的断面有变化,在纵向是成一八字形,因此在支模时应考虑模板的变化。

实例 4 水塔水箱配筋图

现选取某大型小区水塔水箱的竖向剖面图,来说明水箱构造情形,学看这类图线。

(1)从图 6-8 中可以看到水箱内部铁梯的位置、周围栏杆的高度以及水箱外壳的厚度、配筋等结构情况。

(2)图上看出水箱是圆形的,因为图中标志的内部净尺寸用 $R=3\,500$ 表示;它的顶板为斜的、底板是圆拱形的、外壁是折线形的,由于圆形的对称性,所以结构图只绘了一半水箱大小。

(3)图上可以看出顶板厚 10 cm,底下配有φ8 钢筋。水箱立壁是内外两层钢筋,均为φ8 规格,图上根据它们不同形状绘在立壁内外,环向钢筋内外层均为φ8 间距 20 cm。在立壁上下各有一个环梁加强筒身,内配 4 根φ16 钢筋。底板配筋为两层双向φ8 间距 20 cm 的配筋,对于底板的曲率,应根据图上给出的 $R=5\,000$ mm 放出大样,才能算出模板尺寸配置形式和钢筋的确切长度。

(4)水塔图纸中,水箱部分是最复杂的地方,钢筋和模板不是从简单的看图中就可以配料和安装,必须对图纸全部看明白后,再经过计算或放实体大样,才能准确备料进行施工。

实例 5 水塔休息平台大样图

图 6-9 为水塔休息平台大样图,其识读内容如下。

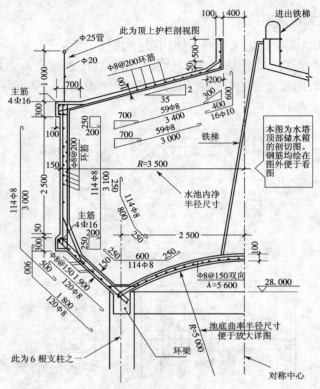

图 6-8　水塔水箱配筋图

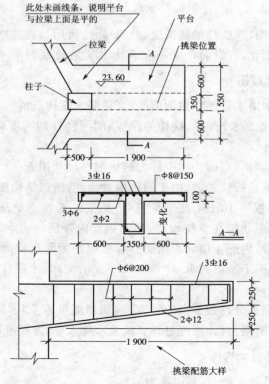

图 6-9　水塔休息平台大样图

（1）图 6-9 所示的平台大样图主要告诉我们平台的大小、挑梁的尺寸以及它们的配筋。

（2）配筋是 φ8 间距 150 mm；挑梁是柱子上伸出的，长 1.9 m，断面由 50 cm 高变为 25 cm 高，上部是 3 根 φ16 的主筋，下部是 2 根 φ12 的架立钢筋；箍筋为 φ6 间距 200 mm，随断面变化尺寸。

（3）图上可以看出平台板与拉梁上标高一样平，因此连接部分拉梁外侧线图上就没有了。平台板厚 10 cm，悬挑在挑梁的两侧。

二、基础知识

1. 水塔的构造

水塔的构造见表 6-2。

表 6-2　水塔的构造

项　目	内　容
基础	由圆形钢筋混凝土较厚大的板块做成，使水塔具有足够的承重力和稳定性
支架部分	支架部分有用钢筋混凝土空间框架做成，也有近十年采用的钢筋混凝土圆筒支架倒锥形的水塔，造型较美观，但不适合在寒冷地区（保温较差）
水箱部分	这是储存水的构造部分，有圆筒形结构，也有倒锥形结构的。其容水量一般为 60～100 t，大的可达 300 t。 水塔也属于较高耸的构筑物，所以也有相应的一些附件，如爬梯、休息平台、塔顶栏杆、避雷针、信号灯等

2. 水塔施工图图纸的分类

（1）水塔外形立面图。

该图主要说明外形构造、有关附件、竖向标高等。

（2）水塔基础构造图。

该图主要说明基础尺寸和配筋构造。

（3）水塔框架构造图。

该图主要表明框架平面外形拉梁配筋等。

（4）水箱结构构造图。

该图主要表明水箱直径、高度、形状和配筋构造。

（5）水塔施工详图。

该图主要表明有关局部构造的施工详图。

第三节　蓄水池施工图识读

一、应用实例

实例 1　蓄水池竖向剖面图

以某建筑工地蓄水池竖向剖面图为例，对图中内容进行识读。

（1）从图 6-10 中可以看出，水池内径是 13.00 m，埋深是 5.350 m，中间最大净高度是 6.60 m，四周外高度是 4.85 m。底板厚度为 20 cm，池壁厚也是 20 cm，圆形拱顶板厚为

10 cm。立壁上部有环梁,下部有趾形基础。顶板的拱度半径是 9.40 m(图上 R = 9 400)。以上这些尺寸都是支模、放线应该了解的。

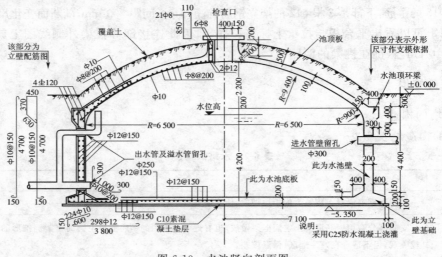

图 6-10 水池竖向剖面图

(2)立壁的竖向钢筋为Φ10 间距 15 cm,水平环向钢筋为Φ12 间距 15 cm。由于环向钢筋长度在 40 m 以上,因此配料时必须考虑错开搭接,这是看图时应想到的。其他图上均有注写,读者可以自行理解。

(3)该图左侧标志了立壁、底板、顶板的配筋构造。主要具体标出立壁、立壁基础、底板坡角的配筋规格和数量。

(4)图纸右下角还注明采用 C25 防水混凝土进行浇筑,这样使我们施工时就能知道浇筑的混凝土不是普通的混凝土,而是具有防水性能的 C25 混凝土。

实例 2 水池顶、顶板配筋图

图 6-11 为水池顶、顶板配筋图。现以此图为例,对图中内容进行识读分析。

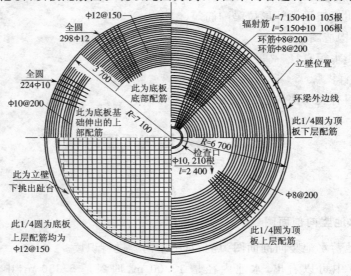

图 6-11 水池顶、顶板配筋图

(1)从图 6-11 中可以看到，左半圆是底板的配筋，分为上下两层，可以结合图 6-10 看出。底板下层中部没有配筋，仅在立壁下基础处有钢筋，沿周长分布。基础伸出趾的上部环向配筋为Φ10 间距 20 cm，从趾的外端一直放到立壁外侧边，辐射钢筋为Φ10，其形状在剖面图上像个横写丁字，全圆共用辐射钢筋 224 根，长度是 0.75 m。立壁基础底层钢筋也分为环向钢筋，用的是Φ12 间距 15 cm，放到离外圆 3.7 m 为止。辐射钢筋为Φ12，其形状在剖面图上呈一字形，全圆共用辐射钢筋 298 根，长度是 3.80 m。底板的上层钢筋，在立壁以内均为Φ12 间距 15 cm 的方格网配筋。

(2)在右半面半个圆是表示顶板配筋图。其看图原理是一样的。这中间应注意的是顶板像一只倒扣的碗，因此辐射钢筋的长度，不能只从这张配筋平面图上简单地按半径计算，而应考虑到它的曲度的增长值。

二、基础知识

蓄水池是工业生产或自来水厂用来储存大量用水的构筑物。一般多半埋在地下，便于保温，外形分为矩形和圆形两种。可以储存几千立方米至一万多立方米的水。

水池由池底、池壁、池顶三部分组成。蓄水池都用钢筋混凝土浇筑建成。

蓄水池的施工图根据池的大小、类型不同，图纸的数量也不同，一般分为水池平面图及外形图、池底板配筋构造图、池壁配筋构造图、池顶板配筋构造图以及有关的各种详图。

第四节　料仓施工图识读

实例 1　料仓立面及剖面图

如图 6-12 所示，该图为料仓立面及剖面图。

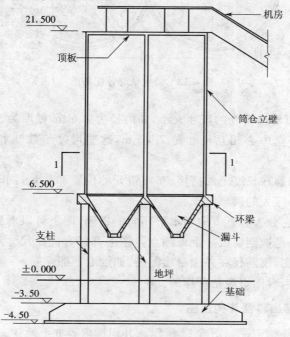

图 6-12　料仓立面及剖面图

(1)从图 6-12 上可以看出仓的外形高度——顶板上标高是 21.50 m,环梁处标高是 6.50 m,基础埋深是 4.50 m,基础底板厚为 1 m。还可以看出筒仓的大致构造,顶上为机房, 15 m 高的筒体是料库,下部是出料的漏斗,这些部件的荷重通过环梁传给柱子,再传到基础。

(2)平面图上可以看出筒仓之间的相互关系,筒仓中心到中心的尺寸是 7.20 m,基础直径为 10.70 m,占地范围是 18.10 m 见方,柱子位置在筒仓互相垂直的中心线上,中间 4 根大柱子断面为 1 m 见方,8 根边柱断面为 45 cm 见方。

(3)看出筒仓和环梁仅在相邻处有联结,其他处均为各自独立的筒体。因此看了图就应考虑放线和支模时有关的应特别注意的地方。

实例 2　筒仓壁部分配筋图

筒仓壁部分配筋图的实例如图 6-13 所示。

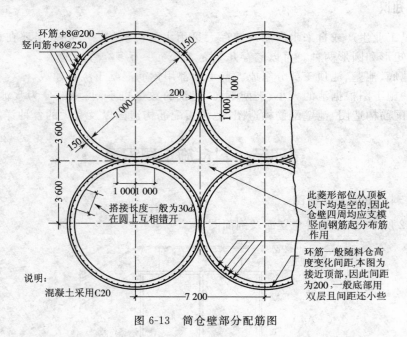

图 6-13　筒仓壁部分配筋图

(1)从图 6-13 可以看出筒仓的尺寸大小,如内径为 7.0 m、壁厚为 15 cm、两个仓相连部分的水平距离是 2 m、筒仓中心相互尺寸是 7.20 m,这些尺寸给放线和制作安装模板提供了依据。

(2)应考虑竖向钢筋在长度上的搭接、互相错开的位置和数量,同时也可以想象得出整个钢筋绑完后,就像一个巨大的圆形笼子。

(3)看配筋构造,它分为竖直方向和水平环向的钢筋,图上可以看到的是环筋是圆形黑线有部分搭接,竖向钢筋是被剖切成一个个圆点。图上都标有间距尺寸和规格大小。由于选取的是仓壁上部的剖面图,钢筋仅在外围单层配筋;如选取下部配筋,一般在壁内有双层配筋,钢筋比较多,也稍复杂些,看图原理是一样的。

实例 3　筒仓底部出料漏斗构造图

筒仓底部出料漏斗构造图如图 6-14 所示。其识读内容如下所述。

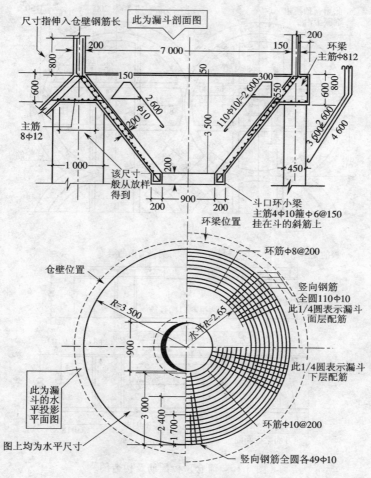

图 6-14　筒仓底部出料漏斗构造图

(1)从图 6-12 上看出,漏斗深度为 3.55 m。结合图 6-12 可以算出漏斗出口底标高为 2.75 m。这个高度可以使一般翻斗汽车开进去装料,否则就应作为看图的疑问提出对环梁标高,或漏斗深度尺寸是否确切的怀疑。再可看出漏斗上口直径为 7.00 m,出口直径是 90 cm,漏斗壁厚为 20 cm,漏斗上部吊挂在环梁上,环梁高度为 60 cm。根据这些尺寸,可以算出漏斗的坡度,各有关处圆周直径尺寸作为计算模板的依据,或作为木工放大样的依据。

(2)从配筋构造中可以看出各部位钢筋的配置。漏斗钢筋分为两层,图纸采用竖向剖面和水平投影平面图将钢筋配置做了标志。上层仅上部半段有斜向钢筋Φ10 共 110 根,环向钢筋Φ8 间距 20 cm。下层钢筋在整个斗壁上分布,斜向钢筋是Φ10,分为 3 种长度,每种全圆上共49 根,环向钢筋是Φ10 间距 20 cm。漏斗口为一个小的环梁加强斗口。环向主筋是 4 根Φ10,小钢箍 15 cm 见方,间距是 15 cm。斗上下层的斜筋钩住下面的一根主筋,使小环梁与斗壁形成一个整体。

实例 4　筒仓顶板配筋及构造图

筒仓顶板配筋及构造图的实例如图 6-15 所示。

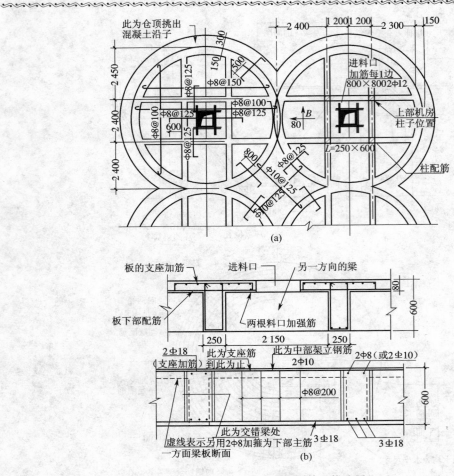

图 6-15　筒仓顶板配筋及构造图

(1)基础内容。

1)从图 6-15 上看出,每仓顶板由 4 根梁组成井字形状,支架在筒壁上。梁的上面是一块周边圆形并带 30 cm 出沿的钢筋混凝土板。

2)梁的横断面尺寸是宽 25 cm、高 60 cm。梁的井字中心距离是 2.40 m,梁中心到仓壁内侧的尺寸是 2.30 m。板的厚度是 8 cm,钢筋是双向配置。图上用十字符号表示双向,B 表示板,80 表示厚度。

(2)细节内容。

1)板中间有一进料孔 80 cm 见方,施工时必须留出,洞边还有各边加 2Φ10 钢筋也需放置。

2)板的配筋在外围几块,由于圆周的变化,钢筋长度也是变化的,配料时必须计算。

3)梁的配筋在两梁交叉处要加双箍,这在配料绑扎时应注意。

4)梁上有钢筋切断处的标志点,以便计算梁上支座钢筋的长度,但本图上未注写支座到切断点尺寸,作为看图后应向设计人员提出的地方。不过根据一般经验,它的支座钢筋的一边长度可以按该边梁的净跨的 1/3 长计算,总长度为两边梁长的和的 1/3 加梁座宽即得。

5)图上在井字梁交点处的阴线部位注出上面有机房柱子,因此看图时就应去查机房的图,以便在筒仓顶板施工时做好准备,如插柱子、插筋等。

第七章　钢结构施工图识读

第一节　门式钢架施工图识读

一、应用实例

（一）屋盖结构实例

实例1　槽形板横向连接构造

槽形板横向连接构造，如图7-1所示。

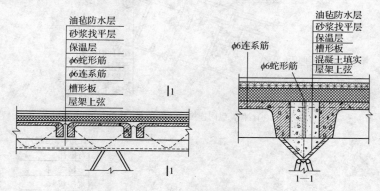

图 7-1　槽形板横向连接构造

实例2　盖瓦搭接构造

盖瓦搭接构造，如图7-2所示。

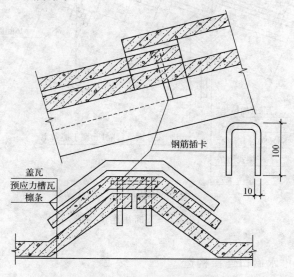

图 7-2　盖瓦搭接（插卡坐浆）构造

实例 3　石棉瓦连接构造

石棉瓦连接构造,如图 7-3 所示。

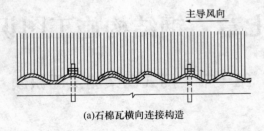

(a)石棉瓦横向连接构造

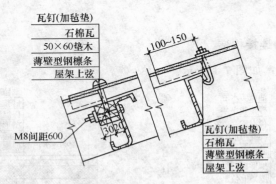

(b)石棉瓦纵向连接(瓦钉、瓦钩)构造

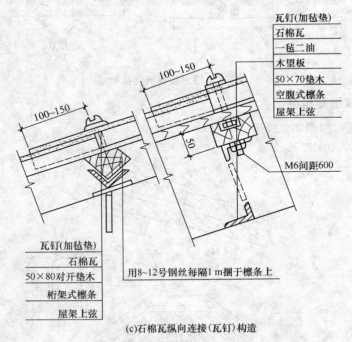

(c)石棉瓦纵向连接(瓦钉)构造

图 7-3　石棉瓦连接构造

实例 4　有组织排水檐口连接构造

有组织排水檐口连接构造,如图 7-4 和图 7-5 所示。

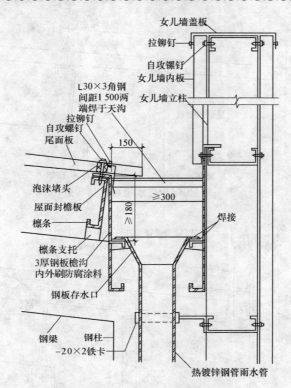

图 7-4 有组织排水檐口连接构造（一）

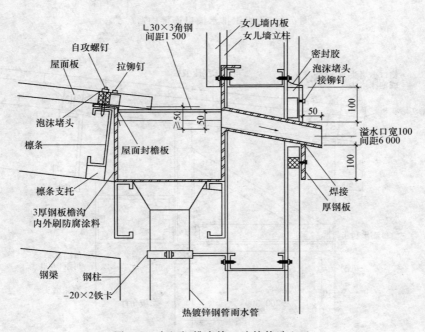

图 7-5 有组织排水檐口连接构造（二）

实例 5 无组织排水檐口连接构造

无组织排水檐口连接构造，如图 7-6 至图 7-8 所示。

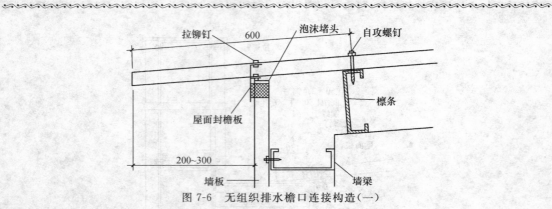

图 7-6　无组织排水檐口连接构造（一）

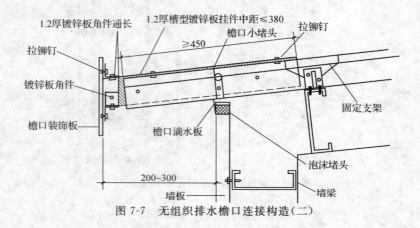

图 7-7　无组织排水檐口连接构造（二）

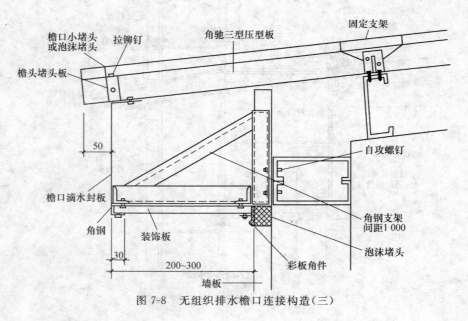

图 7-8　无组织排水檐口连接构造（三）

实例 6　天窗矮墙处连接构造

天窗矮墙处连接构造，如图 7-9 所示。

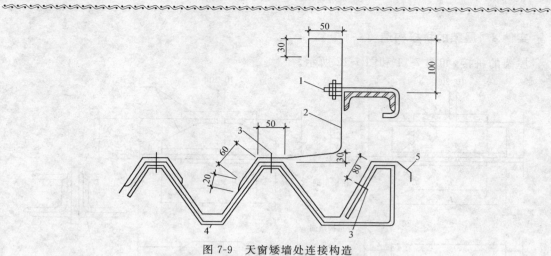

图 7-9　天窗矮墙处连接构造

1—勾头螺栓；2—泛水板；3—固定螺栓；4—固定支架；5—高波压型板

实例 7　天窗架节点构造

天窗架节点构造，如图 7-10 所示。

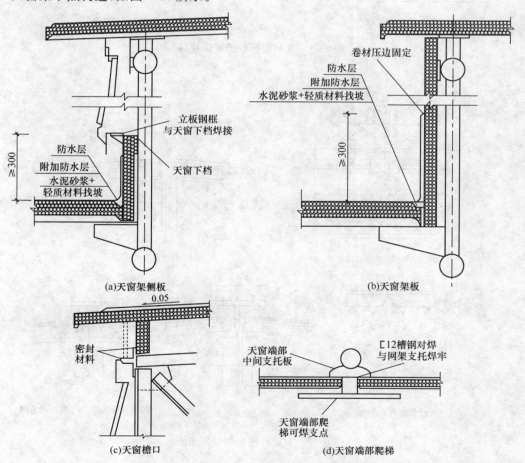

图 7-10　天窗架节点构造

实例 8　屋架的拼接构造

屋架的拼接,如图 7-11 和图 7-12 所示。

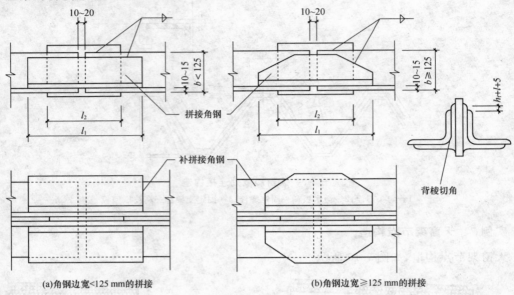

图 7-11　双角钢杆件的拼接连接

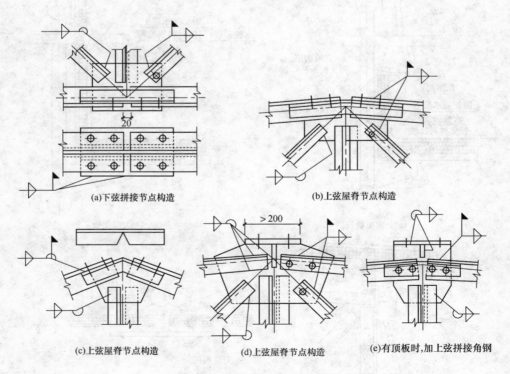

图 7-12　有弦杆拼接的屋架节点

实例 9 内天沟构造

内天沟构造,如图 7-13 所示。

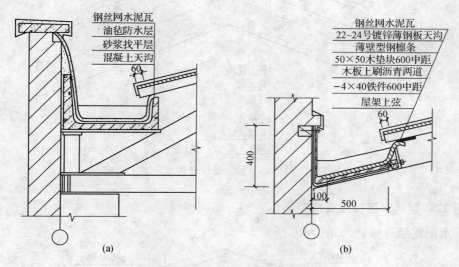

图 7-13 内天沟构造

实例 10 中间天沟构造实例

中间天沟构造,如图 7-14 所示。

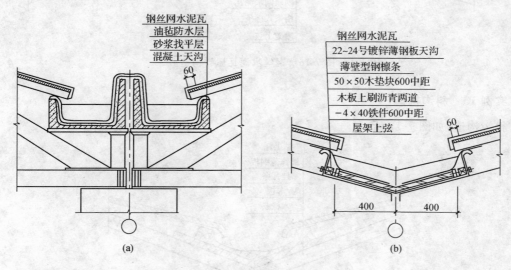

图 7-14 中间天沟构造

实例 11 黏土瓦屋脊构造

黏土瓦屋脊构造,如图 7-15 所示。

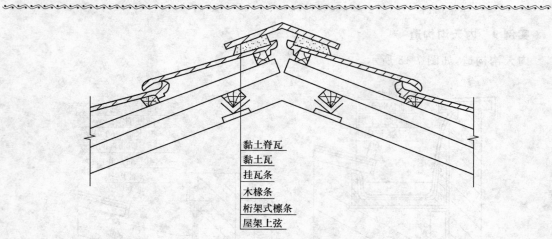

图 7-15　黏土瓦屋脊构造

实例 12　钢丝水泥瓦屋脊构造

钢丝水泥瓦屋脊构造,如图 7-16 所示。

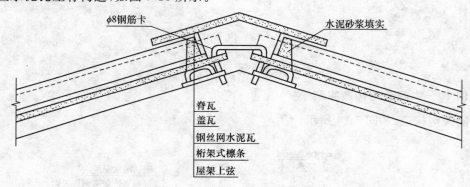

图 7-16　钢丝水泥瓦屋脊构造

实例 13　斜沟构造

斜沟构造,如图 7-17 所示。

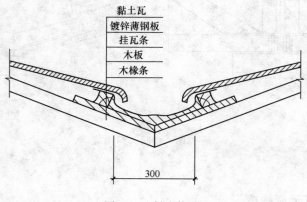

图 7-17　斜沟构造

实例 14　女儿墙泛水节点构造

女儿墙泛水节点构造,如图 7-18 所示。

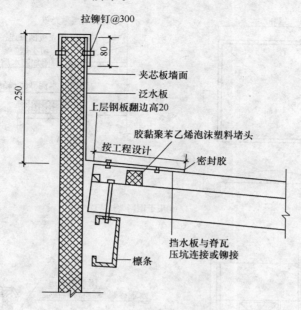

图 7-18　女儿墙泛水节点构造

实例 15　房屋采光带节点构造

房屋采光带节点构造,如图 7-19 所示。

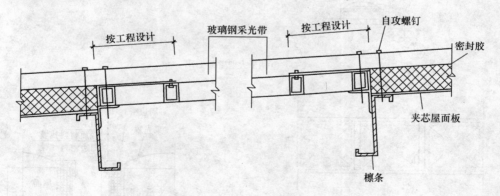

图 7-19　房屋采光带节点构造

实例 16　房屋采光节点构造

房屋采光节点构造,如图 7-20 所示。

实例 17　高低跨屋面节点构造

高低跨屋面节点构造,如图 7-21 至图 7-28 所示。

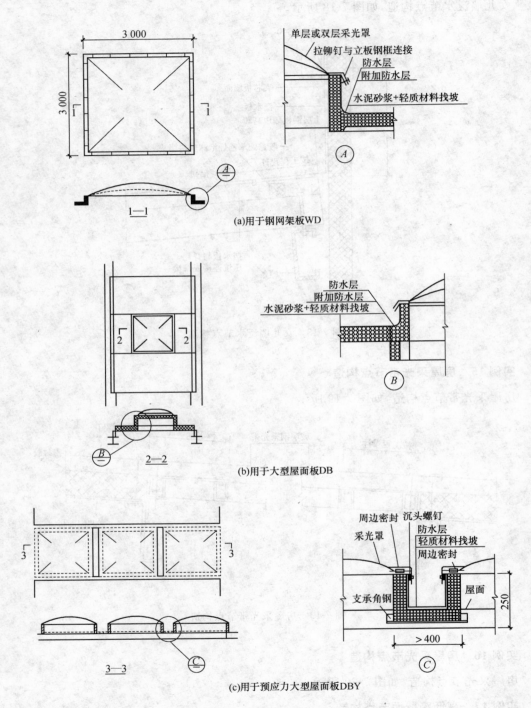

图 7-20　房屋采光节点构造

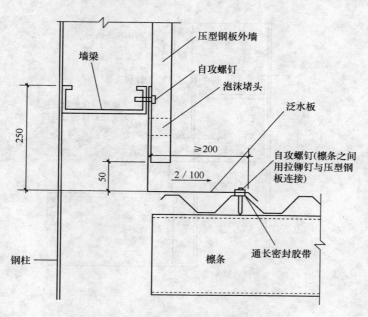

图 7-21　高低跨屋面节点构造(一)

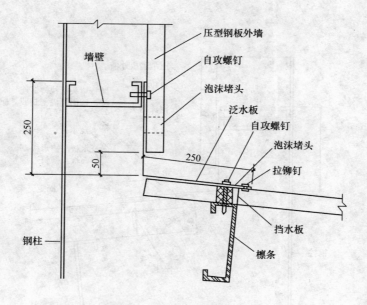

图 7-22　高低跨屋面节点构造(二)

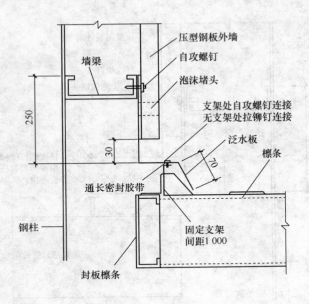

图 7-23　高低跨屋面节点构造(三)

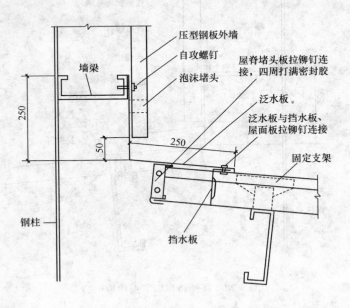

图 7-24　高低跨屋面节点构造(四)

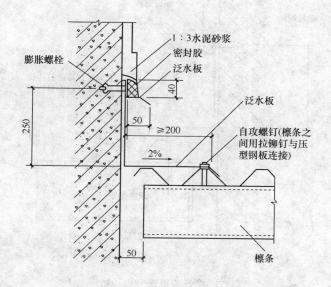

图 7-25　高低跨屋面节点构造(五)

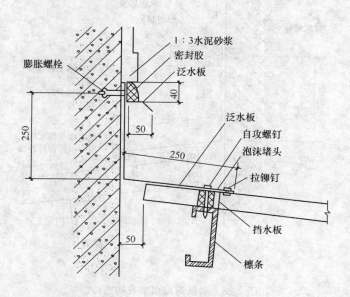

图 7-26　高低跨屋面节点构造(六)

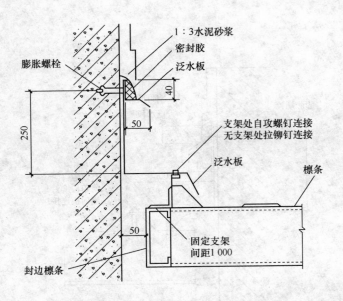

图 7-27　高低跨屋面节点构造（七）

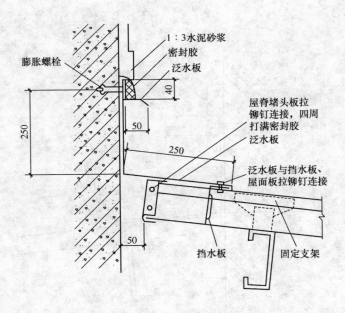

图 7-28　高低跨屋面节点构造（八）

实例 18　单坡屋脊节点构造

单坡屋脊节点构造,如图 7-29、图 7-30 所示。

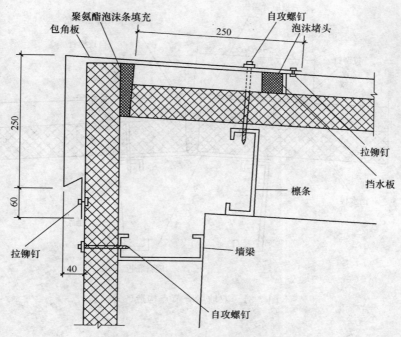

图 7-29　单坡屋脊节点构造(一)

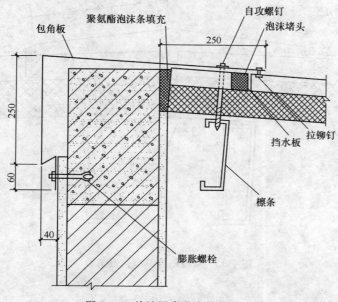

图 7-30　单坡屋脊节点构造(二)

实例 19　双坡屋脊节点构造

双坡屋脊节点构造,如图 7-31、图 7-32 所示。

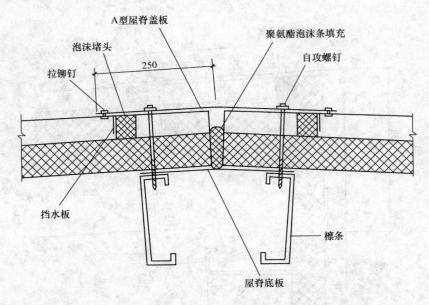

图 7-31　双坡屋脊节点构造(一)

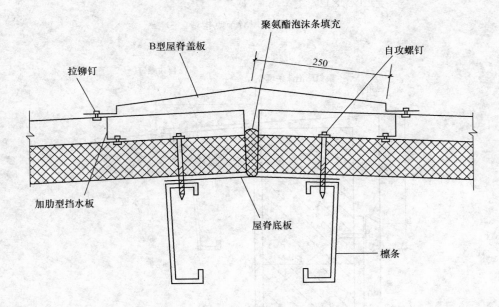

图 7-32　双坡屋脊节点构造(二)

实例 20 夹芯保温板高低跨屋面节点构造

夹芯保温板高低跨屋面节点构造,如图 7-33 至图 7-36 所示。

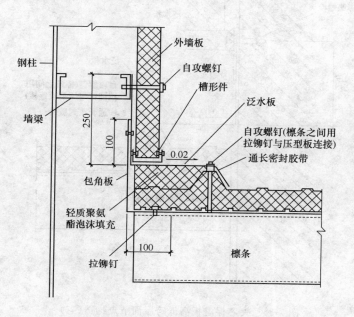

图 7-33 夹芯保温板高低跨屋面节点构造(一)

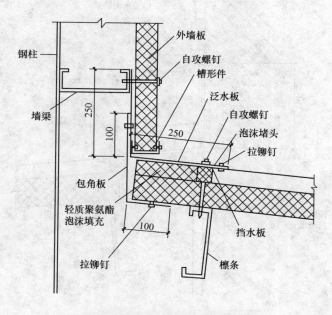

图 7-34 夹芯保温板高低跨屋面节点构造(二)

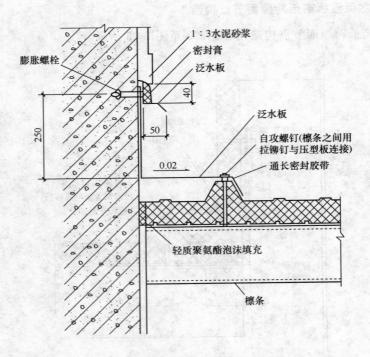

图 7-35　夹芯保温板高低跨屋面节点构造（三）

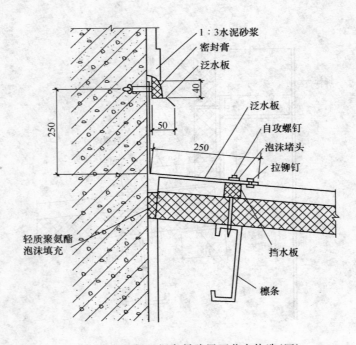

图 7-36　夹芯保温板高低跨屋面节点构造（四）

（二）柱结构实例

实例 21 柱脚构造

柱脚构造，如图 7-37 所示。

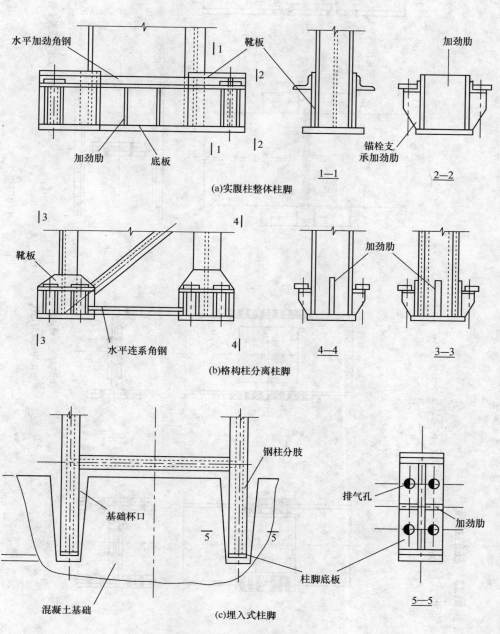

(a)实腹柱整体柱脚

(b)格构柱分离柱脚

(c)埋入式柱脚

图 7-37 柱脚构造

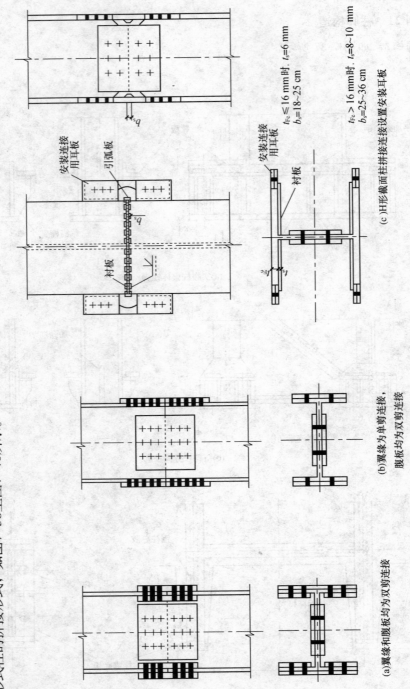

实例22　柱的拼接

各形式柱的拼接形式，如图7-38至图7-40所示。

图7-38　柱的拼接（一）

$t_{Fc} \leqslant 16$ mm 时，$t_s = 6$ mm
$b_s = 18 \sim 25$ cm

$t_{Fc} > 16$ mm 时，$t_s = 8 \sim 10$ mm
$b_s = 25 \sim 36$ cm

(c)H形截面柱拼接连接设置安装耳板

(b)翼缘为单剪连接，腹板均为双剪连接

(a)翼缘和腹板均为双剪连接

安装连接用耳板

衬板

安装连接用耳板

引弧板

衬板

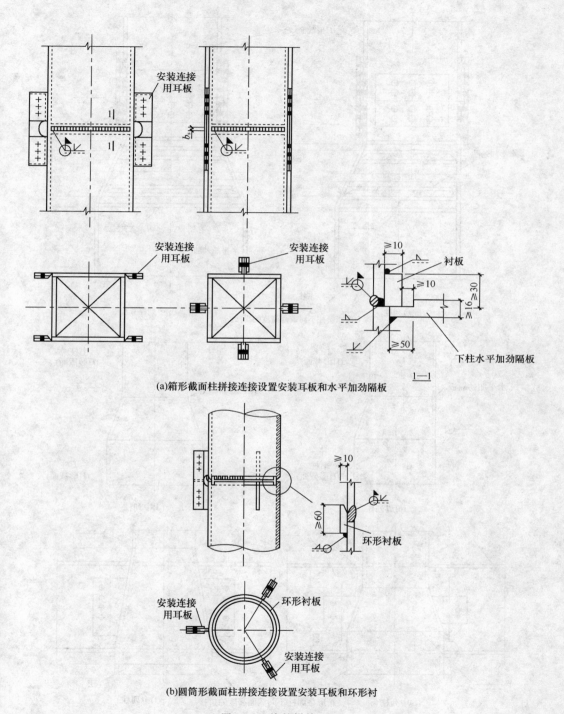

(a)箱形截面柱拼接连接设置安装耳板和水平加劲隔板

(b)圆筒形截面柱拼接连接设置安装耳板和环形衬

图 7-39　柱的拼接(二)

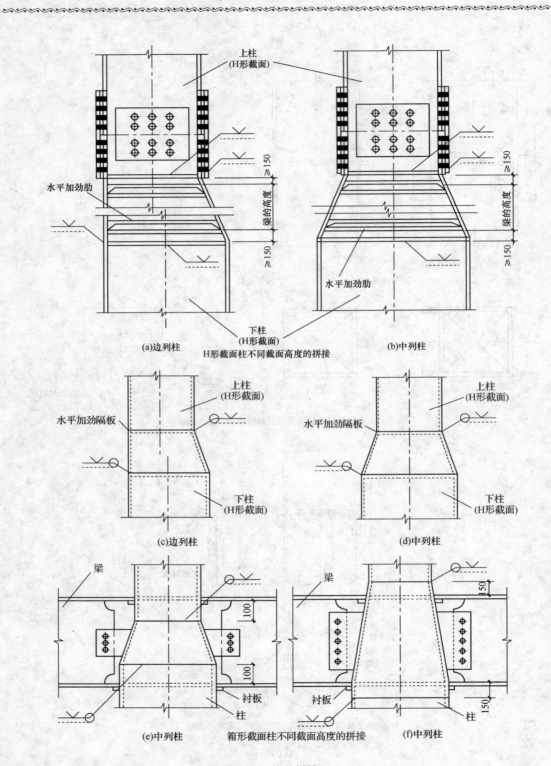

(a)边列柱

(b)中列柱

H形截面柱不同截面高度的拼接

(c)边列柱

(d)中列柱

(e)中列柱　　　箱形截面柱不同截面高度的拼接　　　(f)中列柱

图 7-40　柱的拼接(三)

实例 23　箱形柱安装拼接

箱形柱安装拼接,如图 7-41 所示。

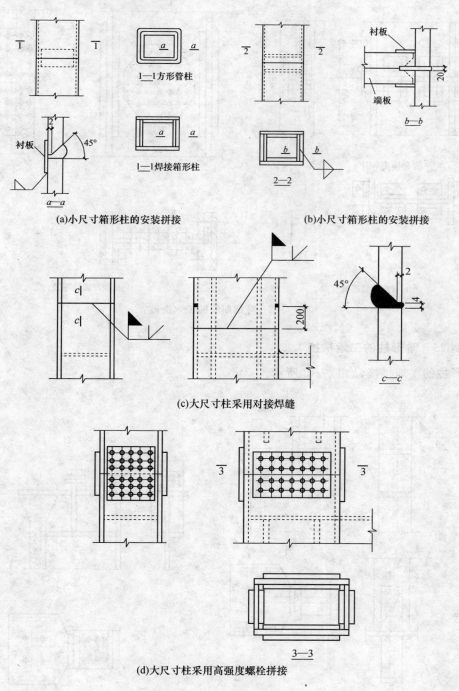

(a)小尺寸箱形柱的安装拼接　　　　(b)小尺寸箱形柱的安装拼接

(c)大尺寸柱采用对接焊缝

(d)大尺寸柱采用高强度螺栓拼接

图 7-41　箱形柱安装拼接

实例 24 等截面柱的工地拼接

等截面柱的工地拼接,如图 7-42 所示。

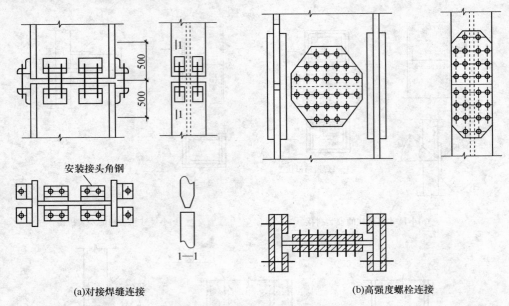

(a)对接焊缝连接   (b)高强度螺栓连接

图 7-42 等截面柱的工地拼接

实例 25 阶形柱的工地拼接

阶形柱的工地拼接,如图 7-43 所示。

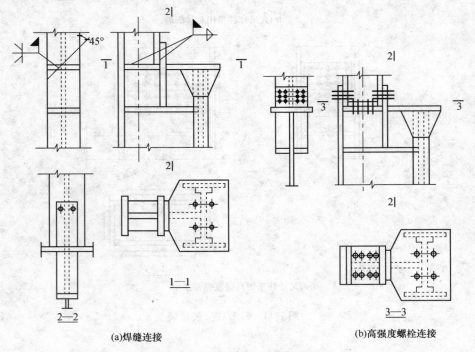

(a)焊缝连接   (b)高强度螺栓连接

图 7-43 阶形柱的工地拼接

实例 26　横隔的常用形式、缀条与柱肢的连接

横隔的常用形式、缀条与柱肢的连接,如图 7-44 所示。

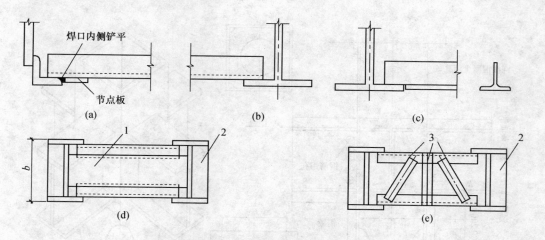

图 7-44　横隔的常用形式、缀条与柱肢的连接
1—横隔板;2—加劲板;3—缀条

实例 27　墙架与柱的柔性连接

墙架与柱的柔性连接,如图 7-45 所示。

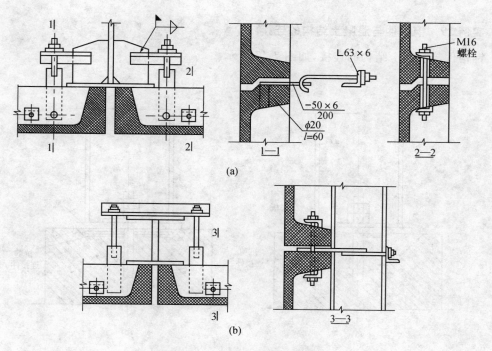

图 7-45　墙架与柱的柔性连接

实例 28　箱形截面柱与十字板形截面柱的连接

箱形截面柱与十字板形截面柱的连接,如图 7-46 所示。

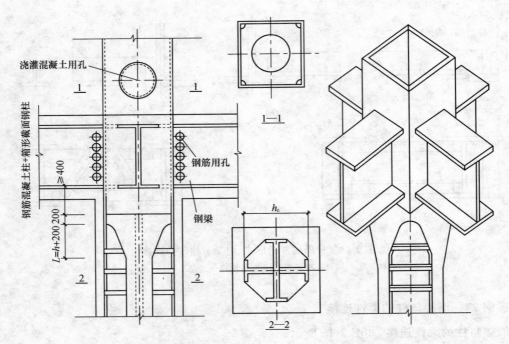

图 7-46　箱形截面柱与十字板形截面柱的连接

实例 29　钢构件与混凝土结构的连接

钢构件与混凝土结构的连接,如图 7-47 所示。

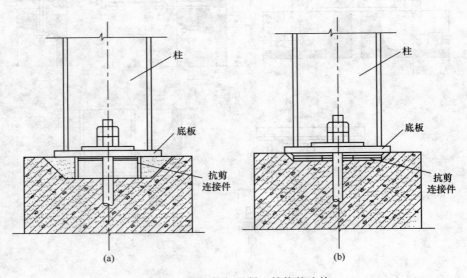

图 7-47　钢构件与混凝土结构的连接

实例 30　人孔的构造

人孔的构造,如图 7-48 所示。

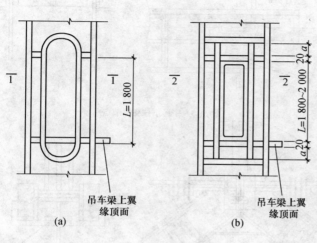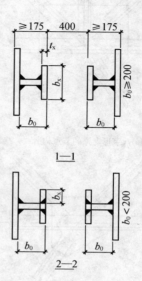

图 7-48　人孔的构造

实例 31　柱间支撑的节点构造

柱间支撑的节点构造,如图 7-49、图 7-50 所示。

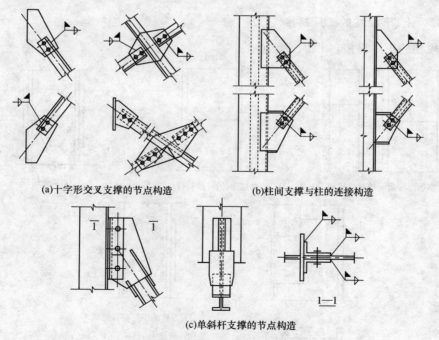

(a)十字形交叉支撑的节点构造　　　(b)柱间支撑与柱的连接构造

(c)单斜杆支撑的节点构造

图 7-49　柱间支撑的节点构造(一)

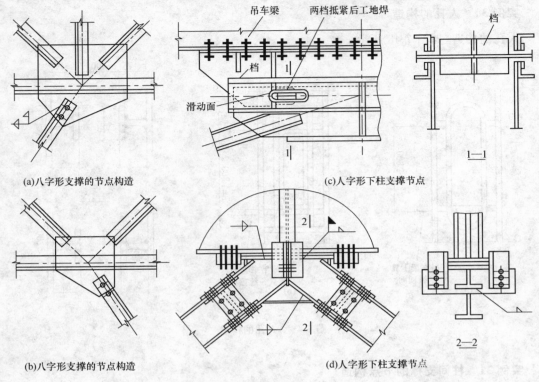

(a)八字形支撑的节点构造

(c)人字形下柱支撑节点

1—1

(b)八字形支撑的节点构造

(d)人字形下柱支撑节点

图 7-50　柱间支撑的节点构造(二)

实例 32　上、下段柱的工厂拼接

上、下段柱的工厂拼接,如图 7-51 所示。

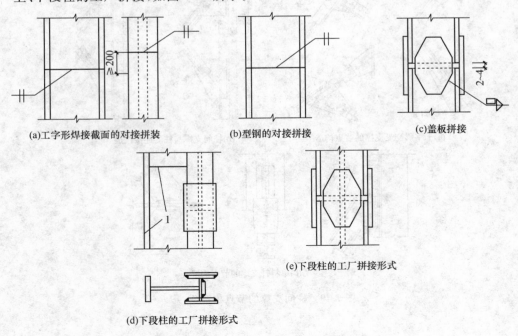

(a)工字形焊接截面的对接拼装

(b)型钢的对接拼接

(c)盖板拼接

(d)下段柱的工厂拼接形式

(e)下段柱的工厂拼接形式

图 7-51　上、下段柱的工厂拼接

实例 33　柱间支撑的布置

柱间支撑的布置,如图 7-52 至图 7-54 所示。

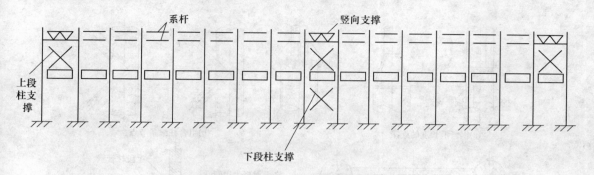

图 7-52　一道下段柱柱间支撑的布置

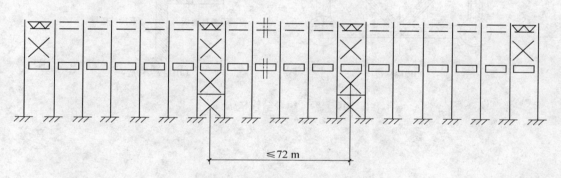

图 7-53　两道下段柱柱间支撑的布置

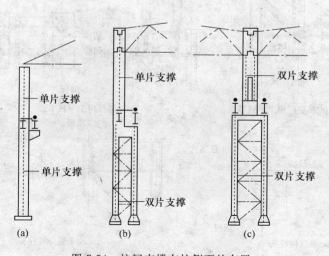

图 7-54　柱间支撑在柱侧面的布置

实例 34　组合结构柱

组合结构柱,如图 7-55 至图 7-59 所示。

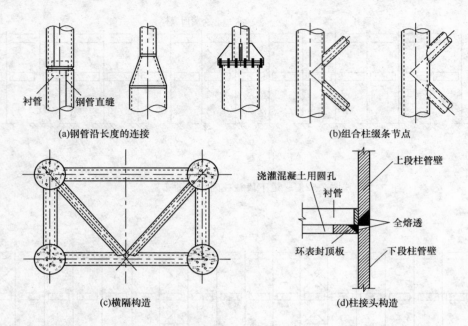

图 7-55　组合结构柱(一)

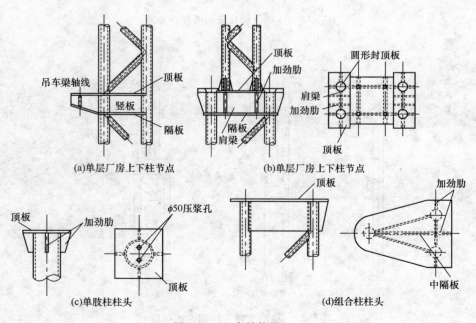

图 7-56　组合结构柱(二)

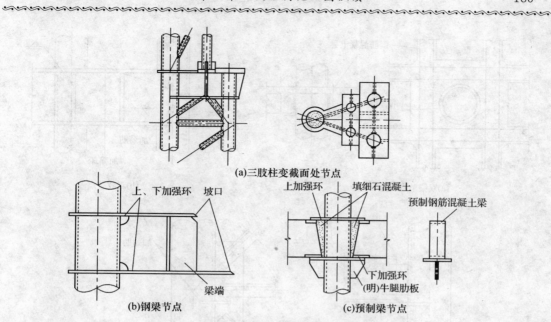

(a)三肢柱变截面处节点

(b)钢梁节点　　**(c)预制梁节点**

图 7-57　组合结构柱(三)

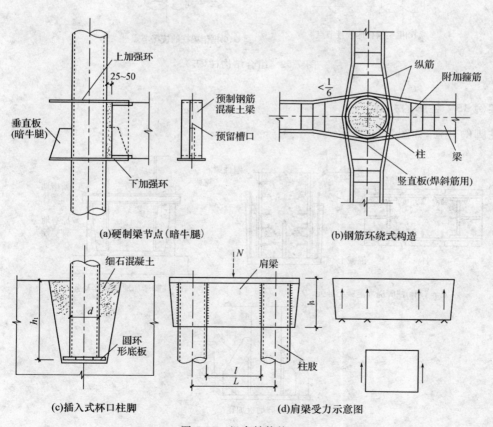

(a)硬制梁节点(暗牛腿)　　　**(b)钢筋环绕式构造**

(c)插入式杯口柱脚　　　　**(d)肩梁受力示意图**

图 7-58　组合结构柱(四)

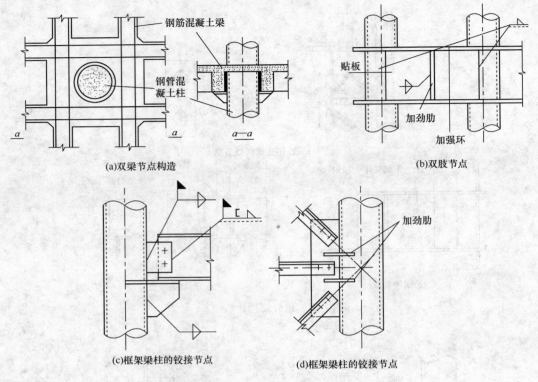

(a)双梁节点构造　　　　　　　　　　　　　　　(b)双肢节点

(c)框架梁柱的铰接节点　　　　　　　　(d)框架梁柱的铰接节点

图 7-59　组合结构柱（五）

实例 35　柱脚的补强

柱脚的补强，如图 7-60 所示。

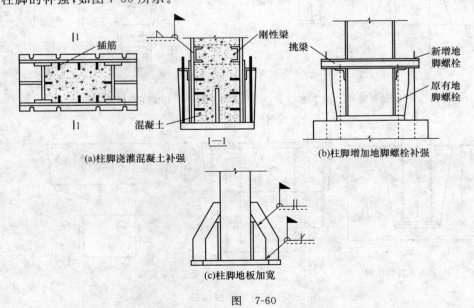

(a)柱脚浇灌混凝土补强　　　　　　　　　　　　(b)柱脚增加地脚螺栓补强

(c)柱脚地板加宽

图　7-60

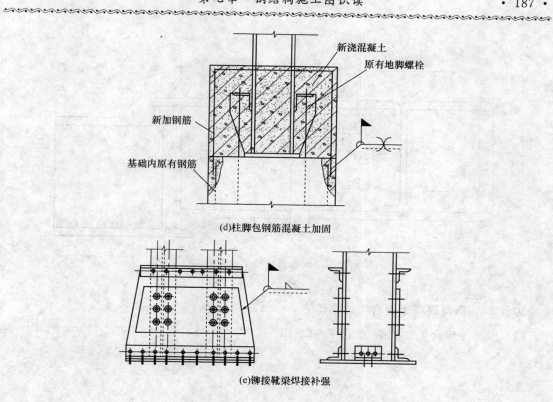

(d)柱脚包钢筋混凝土加固

(e)铆接靴梁焊接补强

图 7-60 柱脚的补强

（三）梁结构实例

实例 36 梁的拼接

梁的拼接，如图 7-61、图 7-62 所示。

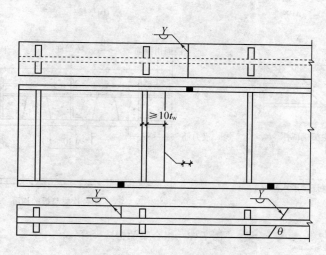

图 7-61 焊接梁的车间拼接

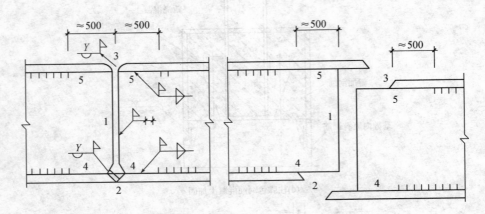

图 7-62　焊接梁的工地拼接

实例 37　钢与混凝土组合梁的构造

钢与混凝土组合梁的构造,如图 7-63 所示。

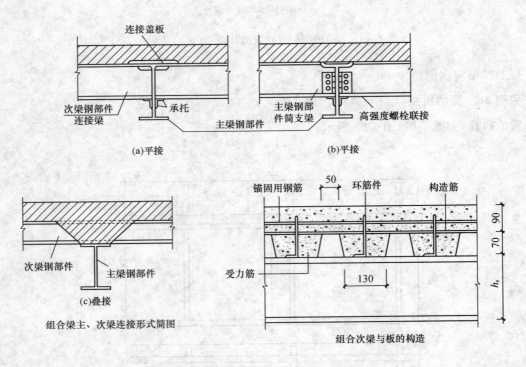

图 7-63　组合梁的构造

实例 38　梁与梁的简支连接

梁与梁的简支连接,如图 7-64 所示。

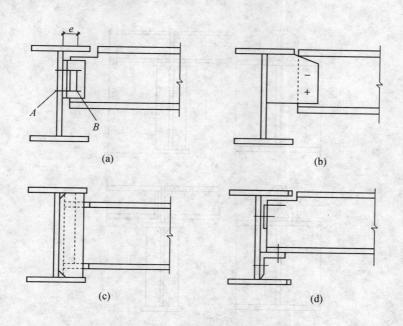

图 7-64　梁和梁的简支连接

实例 39　梁与梁的连接和半连续连接

梁与梁的连接和半连续连接,如图 7-65 所示。

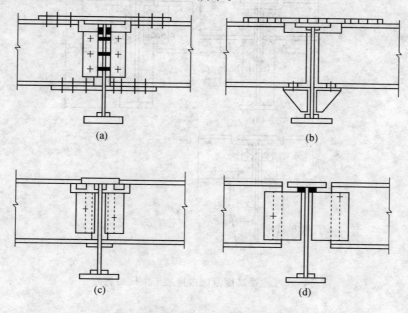

图 7-65　梁与梁的连接和半连续连接

实例 40　次梁与主梁的连接

次梁与主梁的连接,如图 7-66、图 7-67 所示。

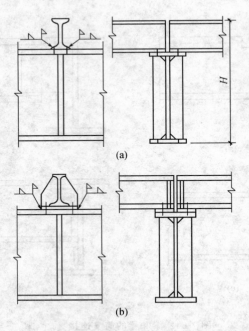

图 7-66　次梁叠接于主梁之上

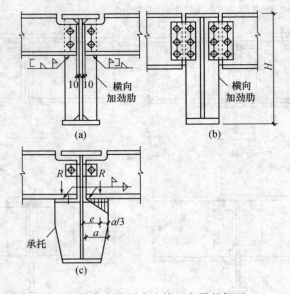

图 7-67　在主梁高度范围内连接于主梁的侧面

实例 41 次梁与主梁的铰接连接

次梁与主梁的铰接连接,如图 7-68 所示。

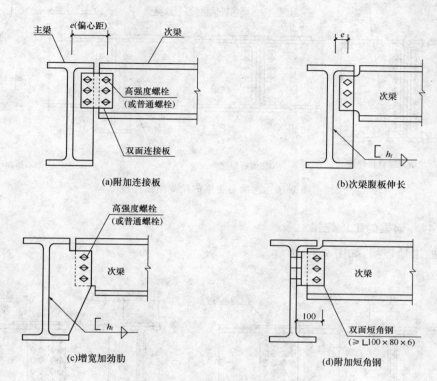

(a)附加连接板

(b)次梁腹板伸长

(c)增宽加劲肋

(d)附加短角钢

图 7-68 次梁与主梁的铰接连接

实例 42 次梁与主梁的全螺栓刚性连接

次梁与主梁的全螺栓刚性连接,如图 7-69 所示。

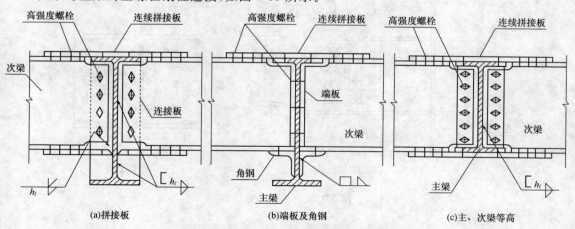

(a)拼接板

(b)端板及角钢

(c)主、次梁等高

图 7-69 次梁与主梁的全螺栓刚性连接

实例 43　次梁与主梁的栓焊刚性连接

次梁与主梁的栓焊刚性连接,如图 7-70 所示。

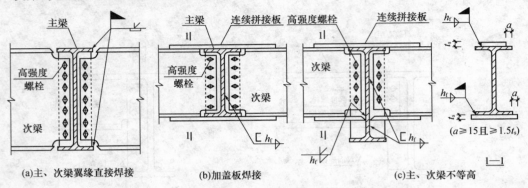

(a)主、次梁翼缘直接焊接　　(b)加盖板焊接　　(c)主、次梁不等高

图 7-70　次梁与主梁的栓焊刚性连接

实例 44　钢梁的工地连接

钢梁的工地连接,如图 7-71 所示。

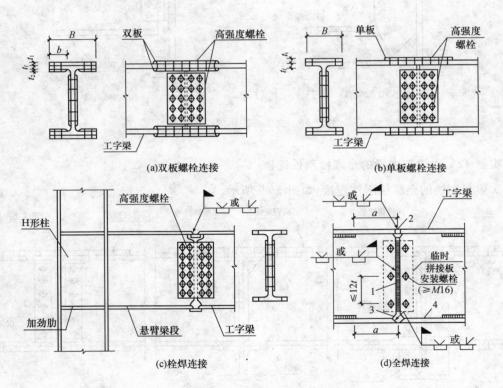

(a)双板螺栓连接　　　　　　　(b)单板螺栓连接

(c)栓焊连接　　　　　　　　(d)全焊连接

图 7-71　钢梁的工地连接

实例 45　梁—柱铰接连接

梁—柱铰接连接，如图 7-72 所示。

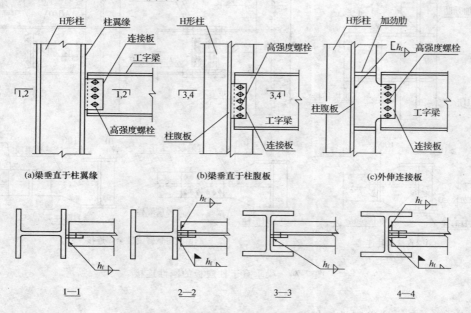

(a)梁垂直于柱翼缘　　　　(b)梁垂直于柱腹板　　　　(c)外伸连接板

图 7-72　工字梁与 H 形柱的铰接

实例 46　梁—柱刚性连接

梁—柱刚性连接，如图 7-73 和图 7-74 所示。

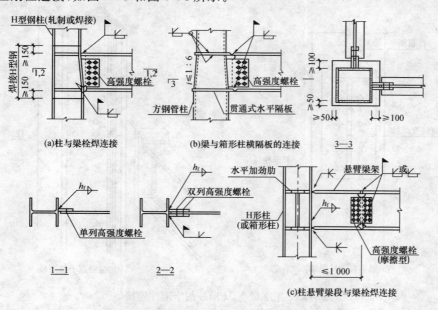

(a)柱与梁栓焊连接　　　　(b)梁与箱形柱横隔板的连接　　　　3—3

(c)柱悬臂梁段与梁栓焊连接

图 7-73　框架梁与 H 形柱(或箱形柱)翼缘的刚性连接

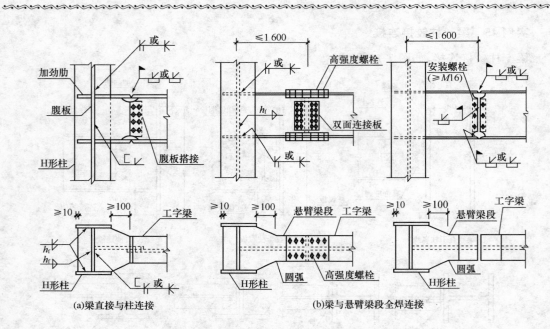

(a)梁直接与柱连接　　　　　　　(b)梁与悬臂梁段全焊连接

图 7-74　梁垂直于柱腹板的刚性连接

实例 47　梁—柱半刚性连接

梁—柱半刚性连接,如图 7-75、图 7-76 所示。

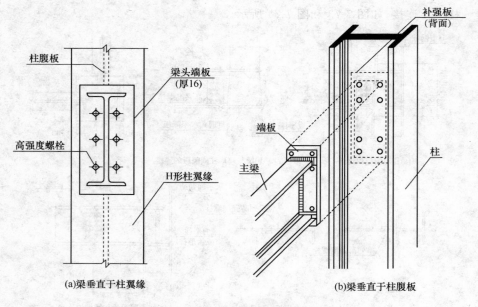

(a)梁垂直于柱翼缘　　　　　　　(b)梁垂直于柱腹板

图 7-75　工字梁与 H 形柱的半刚性连接(一)

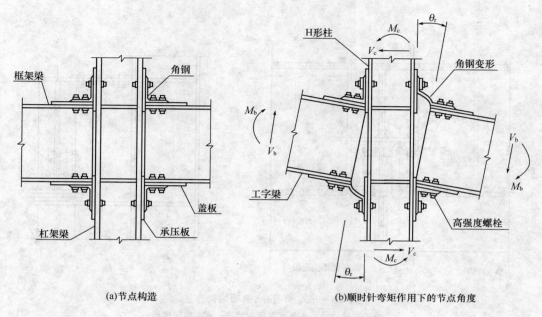

(a)节点构造　　　　　　　　　　(b)顺时针弯矩作用下的节点角度

图 7-76　工字梁与 H 形柱的半刚性节点(二)

实例 48　吊车梁的连接构造

吊车梁的连接构造,如图 7-77 至图 7-80 所示。

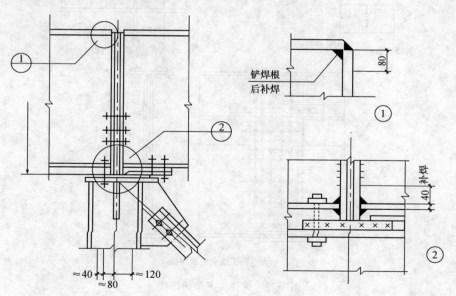

图 7-77　梁支座加劲肋连接构造

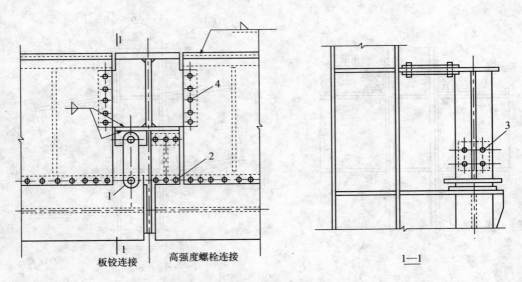

图 7-78　吊车梁与柱、制动结构连接

1—板铰连接；2、4—高强度螺栓连接；3—永久防松螺栓

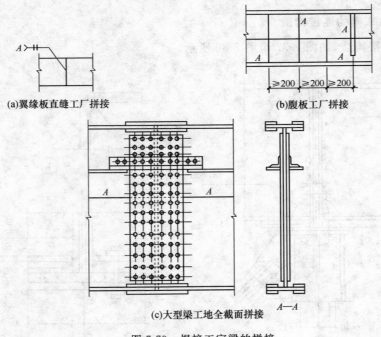

图 7-79　焊接工字梁的拼接

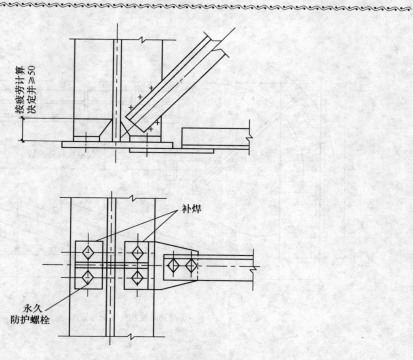

图 7-80 吊车梁下翼缘与支撑连接

(四)钢结构安装工程实例

实例 49 屋盖钢结构综合吊装平面布置

屋盖钢结构综合吊装平面布置,如图 7-81 所示。

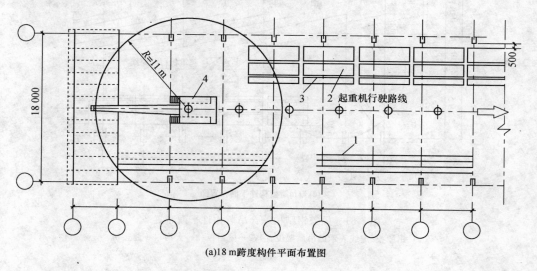

(a)18 m 跨度构件平面布置图

图 7-81

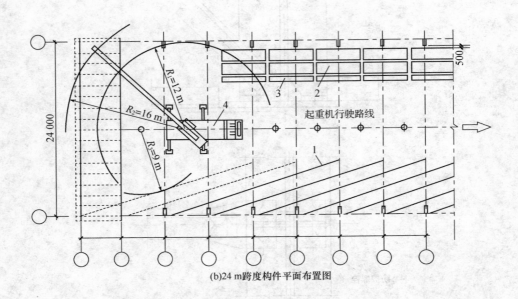

(b)24 m跨度构件平面布置图

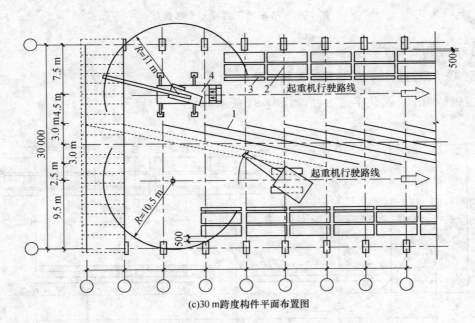

(c)30 m跨度构件平面布置图

图 7-81　屋盖钢结构综合吊装构件平面布置

1—钢屋架（虚线表示已吊屋架位置）；2—屋面板；3—天沟；4—起重机

实例 50　钢柱的拼装

钢柱的拼装,如图 7-82 所示。

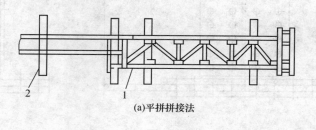

(a)平拼拼接法

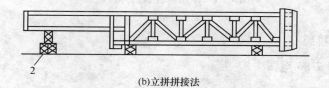

(b)立拼拼接法

图 7-82　钢柱的拼接

1—拼接点;2—枕木

实例 51　托架的拼装

托架的拼装,如图 7-83、图 7-84 所示。

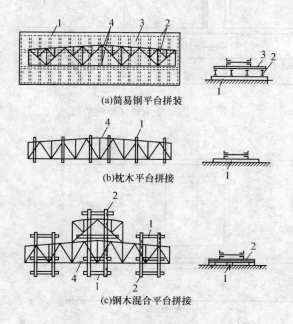

(a)简易钢平台拼装

(b)枕木平台拼接

(c)钢木混合平台拼接

图 7-83　天窗架平拼接

1—枕木;2—工字钢;3—钢板;4—拼接点

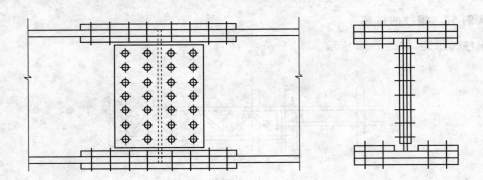

图 7-84　采用拼接板的螺栓连接

实例 52　梁的拼装

梁的拼装，如图 7-85 至图 7-87 所示。

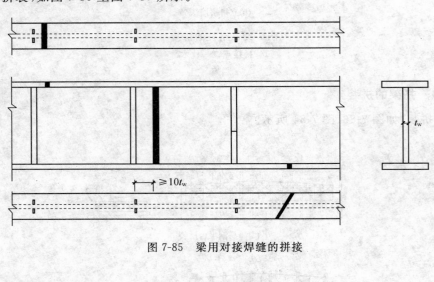

图 7-85　梁用对接焊缝的拼接

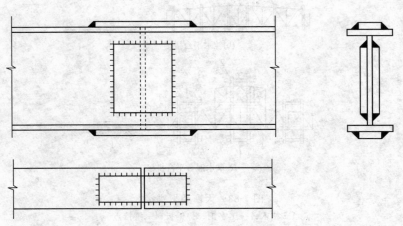

图 7-86　梁用拼接板的拼接

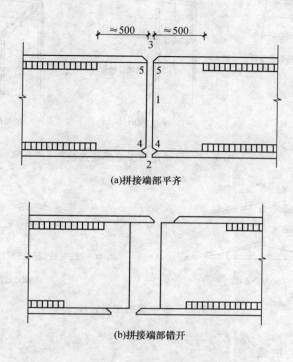

(a)拼接端部平齐

(b)拼接端部错开

图 7-87 焊接梁的工地拼接

实例 53 框架横梁与柱的连接

框架横梁与柱的连接,如图 7-88 至图 7-90 所示。

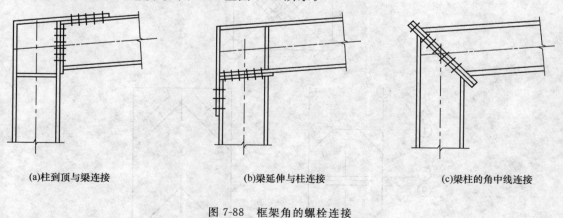

(a)柱到顶与梁连接　　(b)梁延伸与柱连接　　(c)梁柱的角中线连接

图 7-88 框架角的螺栓连接

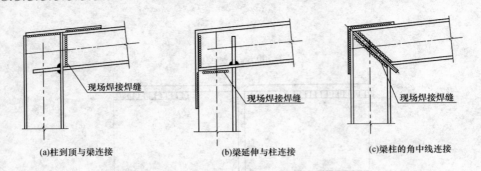

(a)柱到顶与梁连接   (b)梁延伸与柱连接   (c)梁柱的角中线连接

图 7-89 框架角的工地焊缝连接

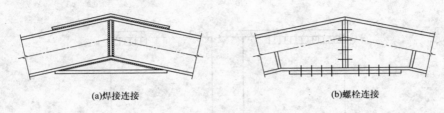

(a)焊接连接   (b)螺栓连接

图 7-90 框架顶的现场连接

实例 54 钢网架的拼装

钢网架的拼装方向图,如图 7-91 所示。

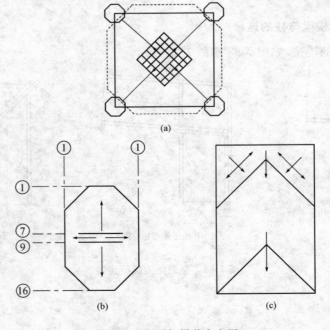

图 7-91 钢网架拼装方向图

二、基础知识

（一）门式刚架施工图表达内容

1. 门式刚架结构的基础知识

（1）门式刚架的类型。

门式刚架的建筑形式丰富多样，如图 7-92 所示。根据结构受力条件，可分为无铰刚架、两铰刚架、三铰刚架；按结构材料分类，有胶合木结构、钢结构、混凝土结构；按构件截面分类，可分成实腹式刚架、空腹式刚架、格构式刚架、等截面与变截面杆刚架；按建筑型体分类，有平顶、坡顶、拱顶、单跨与多跨刚架；从施工技术上分类，有预应力刚架和非预应力刚架等。

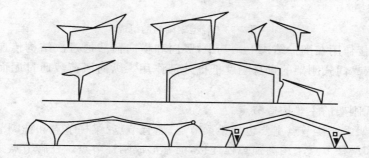

图 7-92　单层门式刚架的形式

（2）轻钢门式刚架的结构组成。

轻型钢结构主要指承重结构和围护结构都是由薄钢板组成的（一般钢板厚度小于 16 mm），目前主要有门式刚架（变断面和等断面）、冷弯薄壁型钢结构体系、多层框架结构体系、拱形波纹屋顶（也称为波纹折皱薄壁钢拱壳屋顶）。

轻型门式刚架的柱子和横梁采用交断面式等断面工字型钢构件，采用冷弯薄壁型钢的 C 形或 Z 形檩条和墙梁，屋面板采用压型钢板加保温材料或者是夹芯板。

目前这种轻型钢结构被广泛应用于工业厂房、仓库、冷库、保鲜库、温室、旅馆、别墅、商场、超市、娱乐活动场所、体育设施、车站候车室、码头建筑等。

轻型门式刚架的结构体系的组成部分见表 7-1。轻型门式刚架组成的图示说明，如图 7-93 所示。

表 7-1　轻型门式刚架的结构体系

项　目	内　容
主结构	横向刚架（包括中部和端部刚架）、楼面梁、托梁、支撑体系等
次结构	屋面檩条和墙面檩条等
围护结构	屋面板和墙板
辅助结构	楼梯、平台、扶栏等

平面门式刚架和支撑体系再加上托梁、楼面梁等组成了轻型钢结构的主要受力骨架，即主结构体系。屋面檩条和墙面檩条既是围护材料的支承结构，又为主结构梁柱提供了部分侧向支撑作用，构成了轻型钢建筑的次结构。屋面板和墙面板对整个结构起围护和封闭作用，同时，由于蒙皮效应事实上也增加了轻型钢建筑的整体刚度。

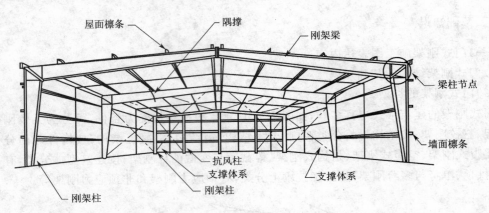

图 7-93　轻型钢结构的组成

　　外部荷载直接作用在围护结构上。其中,竖向和横向荷载通过次结构传递到主结构的横向门式刚架上,依靠门式刚架的自身刚度抵抗外部作用。纵向风荷载通过屋面和墙面支撑传递到基础上。

　　(3)轻钢门式刚架的主要构造节点。

　　轻钢门式刚架中连接节点主要包括梁梁节点、屋脊节点、梁柱节点和柱脚节点。其中梁梁节点、屋脊节点和梁柱节点采用高强螺栓连接,通常形成刚性节点。柱脚节点主要表达刚架柱和基础的连接,一般采用锚栓连接,根据锚栓的布置方案不同,可形成铰接柱脚和刚接柱脚。

　　2.门式刚架施工图的构成要件

　　一套完整的轻钢门式刚架图纸主要包括结构设计说明、锚栓平面布置图、基础平面布置图、刚架平面布置图、屋面支撑布置图、柱间支撑布置图、屋面檩条布置图、墙面檩条布置图、主刚架图和节点详图等。

　　以上主要指的是设计制图阶段的图纸内容,对于施工详图就是在设计制图的基础上,把上述图纸进行细化,并增加构件加工详图和板件加工详图。

　　通常情况下,根据工程的繁简情况,图纸的内容可稍做调整,但必须将设计内容表达准确、完整。

　　(二)门式刚架施工图识读方法

　　1.结构设计说明及其识读方法

　　结构设计说明主要内容及识读方法,见表7-2。

表 7-2　结构设计说明的主要内容及识读方法

项　目	内　容
工程概况	结构设计说明中的工程概况主要用来介绍本工程的结构特点,如建筑物的柱距、跨度、高度等结构布置方案,以及结构的重要性等级等内容
设计依据	设计依据包括与工程设计合同书有关的设计文件、岩土工程报告、设计基础资料和有关设计规范及规程等内容。对于施工人员来讲,有必要了解这些资料,甚至有些资料如岩土工程报告等,还是施工时的重要依据
设计荷载资料	设计荷载资料主要包括:各种荷载的取值、抗震设防烈度和抗震设防类别等。对于施工人员来讲,尤其要注意各结构部位的设计荷载取值,在施工时千万不能超过这些设计荷载,否则可能造成危险事故

续上表

项　目	内　容
材料的选用	材料的选用主要是对各部分构件选用的钢材按主次分别提出钢材质量等级和牌号、性能的要求，以及相应钢材等级性能选用配套的焊条和焊丝的牌号与性能要求、选用高强度螺栓和普通螺栓的性能级别等。这是施工人员尤其要注意的，这对于后期材料的统计与采购都起着至关重要的作用
制作安装	制作安装主要包括制作的技术要求及允许偏差、螺栓连接精度和施拧要求、焊缝质量要求及焊缝检验等级要求、防腐和防火措施、运输和安装要求等。此项内容可整体作为一个条目编写，也可分条目编写。这一部分内容是设计人员提出的施工指导意见和特殊要求，作为施工人员，必须在施工过程中认真贯彻

2.基础平面布置图及基础详图的识读方法

基础平面布置图主要通过平面图的形式反映建筑物基础的平面位置关系和平面尺寸。对于轻钢门式刚架结构，在较好的地质情况下，基础形式一般采用柱下独立基础。在平面布置图中，一般标注有基础的类型和平面的相关尺寸，如果需要设置拉梁，也一并在基础平面布置图中标出。

由于门式刚架的结构单一，柱脚类型较少，相应基础的类型也不多，所以往往把基础详图和基础平面布置图放在一张图纸上（如果基础类型较多，可考虑将基础详图单列一张图纸）。基础详图往往采用水平局部剖面图和竖向剖面图来表达，图中主要标明各种类型基础的平面尺寸和基础的竖向尺寸，以及基础的配筋情况等。识读基础平面布置图及其详图时，还需要特别注意以下两点。

（1）图中写出的施工说明，往往涉及图中不方便表达的或没有具体表达的部分，因此读图者一定要特别注意。

（2）观察每一个基础与定位轴线的相对位置关系，最好同时看一下柱子与定位轴线的关系，从而确定柱子与基础的位置关系，以保证安装的准确性。

3.柱脚锚栓布置图及其识读方法

柱脚锚栓布置图的形成方法是，先按一定比例绘制柱网平面布置图，再在该图上标注出各个钢柱柱脚锚栓的位置，即相对于纵横轴线的位置尺寸，在基础剖面图上标出锚栓空间位置高程，并标明锚栓规格数量及埋设深度。

在识读柱脚锚栓布置图时，需要注意以下几个方面的问题。

（1）通过对锚栓平面布置图的识读，根据图纸的标注能够准确地对柱脚锚栓进行水平定位。

（2）通过对锚栓详图的识读，掌握与锚栓有关的一些竖向尺寸，主要有锚栓的直径、锚栓的锚固长度、柱脚底板的标高等。

（3）通过对锚栓布置图的识读，可以对整个工程的锚栓数量进行统计。

4.支撑布置图的主要内容

支撑布置图的主要内容，见表7-3。

表 7-3 支撑布置图的主要内容

项 目	内 容
明确支撑的所处位置和数量	门式刚架结构中,并不是每一个开间都要设置支撑,如果要在某开间内设置,往往将屋面支撑和柱间支撑设置在同一开间,从而形成支撑桁架体系。因此,需要首先从图中明确支撑系统到底设在了哪几个开间,此外还需要知道每个开间内共设置了几道支撑
明确支撑的起始位置	对于柱间支撑需要明确支撑底部的起始高程和上部的结束高程;对于屋面支撑,则需要明确其起始位置与轴线的关系
支撑的选材和构造做法	支撑系统主要分为柔性支撑和刚性支撑两类。柔性支撑主要指的是圆钢截面,它只能承受拉力;刚性支撑主要指的是角钢截面,既可以受拉也可以受压。此处可以根据详图来确定支撑截面,以及它与主刚架的连接做法和支撑本身的特殊构造

5. 檩条布置图及其识读方法

檩条布置图主要包括屋面檩条布置图和墙面檩条(墙梁)布置图。屋面檩条布置图主要表明檩条间距和编号以及檩条之间设置的直拉条布置、斜拉条布置和编号,另外还有隅撑的布置和编号;墙面檩条布置图,往往按墙面所在轴线分类绘制,每个墙面的檩条布置图的内容与屋面檩条布置图的内容相似。

6. 主刚架图及节点详图的识读方法

门式刚架通常采用变截面,故要绘制构件图以便表达构件外形、几何尺寸及构件中杆件的截面尺寸;门式刚架图可利用对称性绘制,主要标注其变截面柱和变截面斜梁的外形和几何尺寸、定位轴线和标高,以及柱截面与定位轴线的相关尺寸等。一般根据设计的实际情况,不同种类的刚架均应含有此图。

在相同构件的拼接处、不同构件的连接处、不同结构材料的连接处以及需要特殊交代清楚的部位,往往需要用节点详图予以详细说明。节点详图在设计阶段应表示清楚各构件间的相互连接关系及其构造特点,节点上应标明在整个结构上的相关位置,即应标出轴线编号、相关尺寸、主要控制标高、构件编号或截面规格、节点板厚度及加劲肋做法。构件与节点板焊接连接时,应标明焊脚尺寸及焊缝符号。构件采用螺栓连接时,应标明螺栓的种类、直径、数量。

对于一个单层单跨的门式刚架结构,它的主要节点详图包括梁柱节点详图、梁梁节点详图、屋脊节点详图以及柱脚详图等。

在识读详图时,应该先明确详图所在结构的位置,往往有两种方法:一是根据详图上所标的轴线和尺寸进行位置的判断;二是利用前面讲过的索引符号和详图符号的对应性来判断详图的位置。明确相关位置后,要弄清图中所画的是什么构件,它的截面尺寸是多少;接下来,要清楚为实现连接需加设哪些连接板件或加劲板件;最后,了解构件之间的连接方法。

识读工程图的最终目的是要对整个工程从整体到细节有一个完整的认识。前面介绍了每张图纸的具体图示内容和识读方法,这对工程细节的把握是有帮助的,但要对工程形成一个整体的认识,更快地熟悉整套工程图纸,在进行施工图的识读时还应注意读图的顺序(图7-94)。

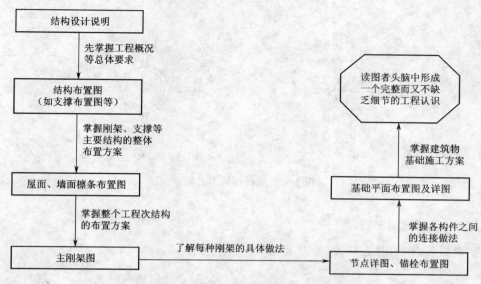

图 7-94　轻钢门式刚架结构施工图读图流程

第二节　钢网架结构施工图识读

一、应用实例

(一)钢网架节点设计实例

实例 1　管筒形板节点

管筒形板节点,如图 7-95 所示。

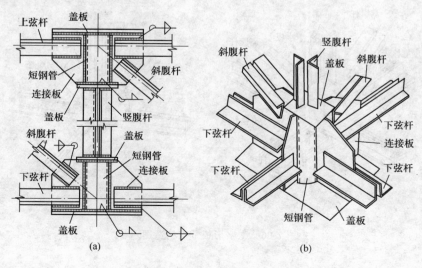

图　7-95

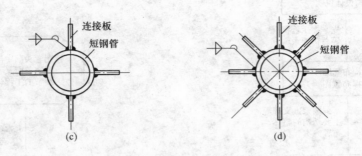

图 7-95　管筒形板节点图示

实例 2　十字形板节点

十字形板节点,如图 7-96、图 7-97 所示。

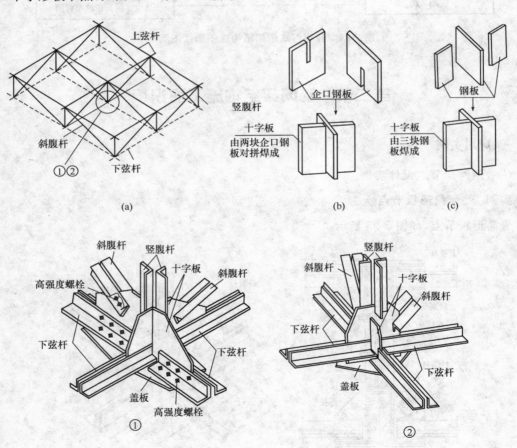

图 7-96　十字形板节点构造图示

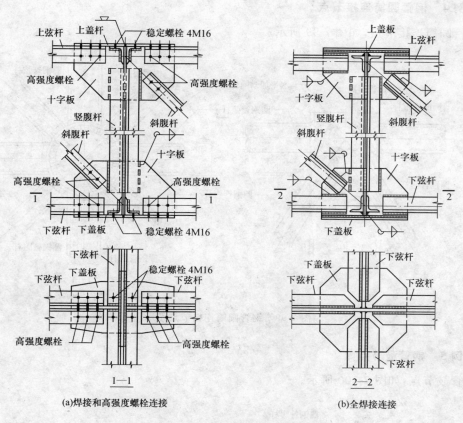

(a)焊接和高强度螺栓连接　　　(b)全焊接连接

图 7-97　十字形板节点实例

实例 3　螺栓球连接节点

螺栓球连接节点,如图 7-98 所示。

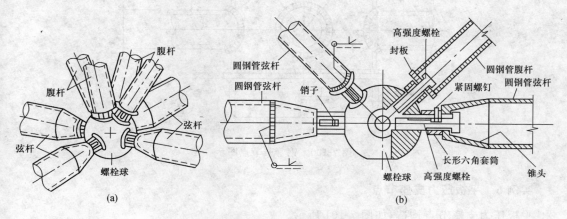

图 7-98　螺栓球连接节点图示

实例 4　钢管圆筒连接节点

钢管圆筒连接节点,如图 7-99 所示。

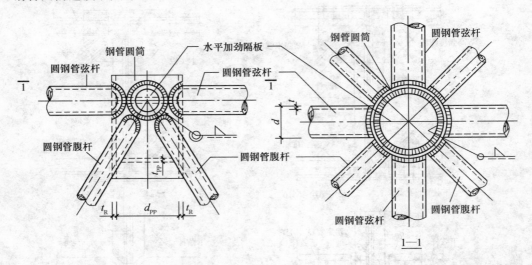

图 7-99　钢管圆筒连接节点图示

实例 5　钢管鼓节点

钢管鼓节点,如图 7-100 所示。

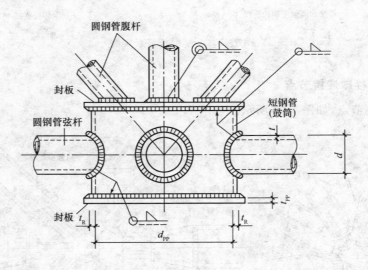

图 7-100　钢管鼓节点图示

实例 6　平板压力支座节点

平板压力支座节点构造,如图 7-101 所示。

实例 7　球铰压力支座节点

球铰压力支座节点构造,如图 7-102 所示。

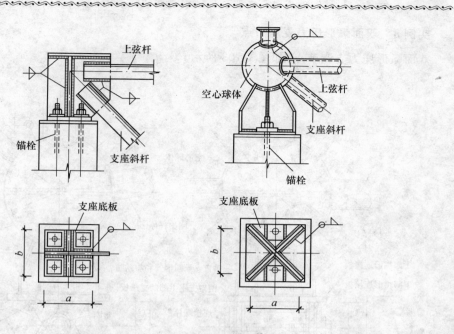

图 7-101　平板压力支座节点构造示例

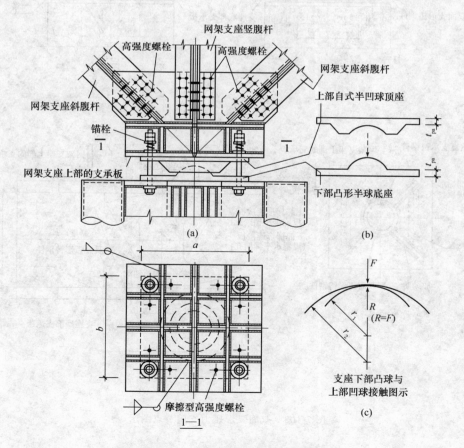

图 7-102　球铰压力支座节点构造示例

实例 8　双面弧形压力支座节点

双面弧形压力支座节点，如图 7-103 所示。

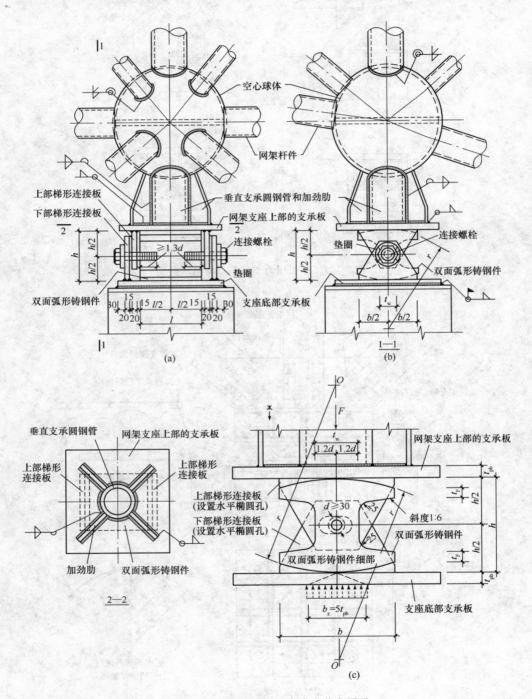

图 7-103　双面弧形压力支座节点图示

实例9　单面弧形压力支座节点

单面弧形压力支座节点，如图7-104所示。

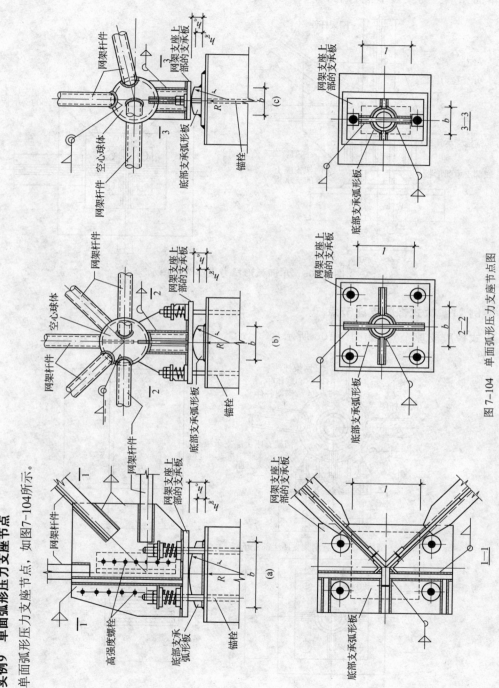

图7-104　单面弧形压力支座节点图

实例 10　单面弧形拉力支座节点

单面弧形拉力支座节点,如图 7-105 所示。

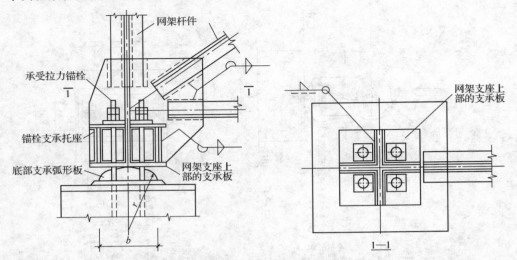

图 7-105　单面弧形拉力支座节点图示

实例 11　板式橡胶支座节点

板式橡胶支座节点,如图 7-106 所示。

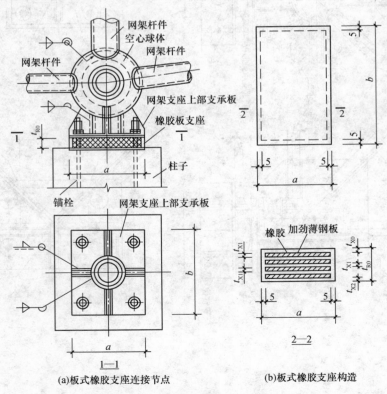

(a)板式橡胶支座连接节点　　　(b)板式橡胶支座构造

图 7-106　板式橡胶支座节点图示

（二）钢网架构造实例

实例 12　斜杆布置

斜杆布置，如图 7-107、图 7-108 所示。

图 7-107　钢网架腹杆常用布置方式

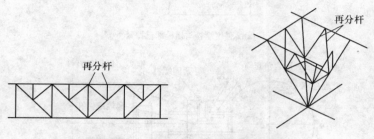

图 7-108　钢网架再分式腹杆布置形式

实例 13　高强度螺栓与螺栓球和圆钢管杆件的连接构造

高强度螺栓与螺栓球和圆钢管杆件的连接构造，如图 7-109 和图 7-110 所示。

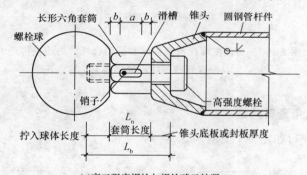

(a)高工强度螺栓与螺栓球已拧紧

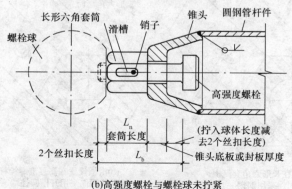

(b)高强度螺栓与螺栓球未拧紧

图 7-109　高强度螺栓与螺栓球和圆钢管杆件的连接构造

（设置钢销）

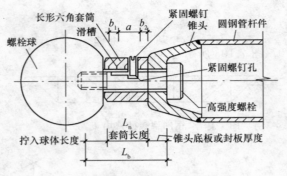

(a)高强度螺栓与螺栓球已拧紧

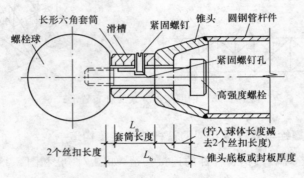

(b)高强度螺栓与螺栓球未拧紧

图 7-110　高强度螺栓与螺栓球和圆钢管杆件的连接构造
（设置开槽圆柱端紧固螺钉）

实例 14　长形六角套筒构造

长形六角套筒构造，如图 7-111 所示。

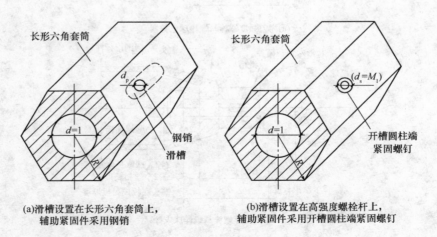

(a)滑槽设置在长形六角套筒上，　　　　　(b)滑槽设置在高强度螺栓杆上，
　　辅助紧固件采用钢销　　　　　　　　　　辅助紧固件采用开槽圆柱端紧固螺钉

图 7-111　长形六角套筒构造

实例 15 锥头和封板与圆钢管件端部的坡口对接焊缝构造

锥头和封板与圆钢管件端部的坡口对接焊缝构造,如图 7-112 所示。

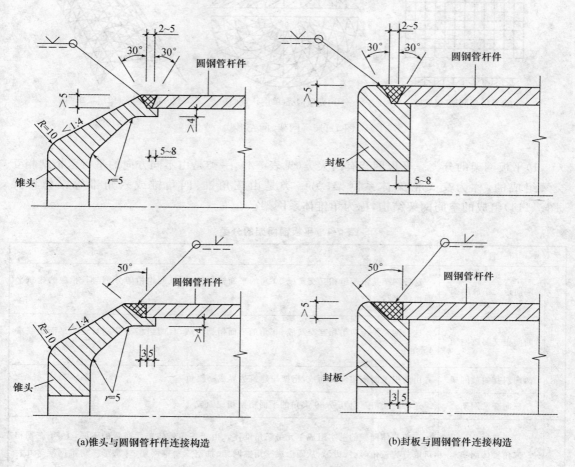

(a)锥头与圆钢管杆件连接构造   (b)封板与圆钢管件连接构造

图 7-112 锥头和封板与圆钢管件端部的坡口对接焊缝构造

二、基础知识

(一)钢网架结构施工图表达内容

1. 钢网架结构的基础知识

(1)钢网架的类型。

网架结构是由很多杆件通过节点,按照一定规律组成的网状空间杆系结构。网架结构根据外形可分为平板网架和曲面网架。通常情况下,平板网架简称为网架;曲面网架简称为网壳,如图 7-113 所示。

通常,网架是由上弦杆、下弦杆两个表层及上下弦面之间的腹杆组成,一般称为双层网架;有时,网架是由上弦、下弦、中弦三个弦杆面及三层弦杆之间的腹杆组成,称为三层网架。

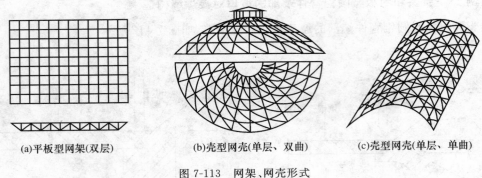

图 7-113　网架、网壳形式

1)平板网架的分类。平板网架有两大类(见表 7-4),一类是由不同方向的平行弦桁架相互交叉组成的,称为交叉桁架体系网架;另一类是由三角锥、四角锥或六角锥等锥体单元(图 7-114)组成的空间网架结构,称为角锥体系网架。

表 7-4　平板钢网架的分类

项　目		内　容
交叉桁架体系网架	两向正交正放网架	这种网架是由两组相互交叉成 90°角的平面桁架组成,且两组桁架分别与其相应的建筑平面边线平行
	两向正交斜放网架	这种网架是由两组相互交叉成 90°角的平面桁架组成,且两组桁架分别与建筑平面边线成 45°角
	两向斜交斜放网架	由两组平面桁架斜交而成,桁架与建筑边界成一斜角
	三向交叉网架	这种网架由三组互成 60°夹角的平面桁架相交而成
角锥体系网架	三角锥体网架	三角锥体网架的基本组成单元是三角锥体。由于三角锥体单元布置的不同,上、下弦网格可以分为三角形、六边形,从而形成三角锥网架、抽空三角锥网架、蜂窝形三角锥网架等几种不同的三角锥网架
	四角锥体网架	四角锥体网架的上下弦平面均为正方形网格,且相互错开半格,使下弦网格的角点对准上弦网格的形心,再用斜腹杆将上下弦的网格节点连接起来,即形成一个个互连的四角锥体。 目前,常用的四角锥体网架有正放四角锥网架、正放抽空四角锥网架、斜放四角锥网架、星形四角锥网架、棋盘形四角锥网架、单向折线形网架几种
	六角锥体网架	这种网架由六角锥体单元组成

2)网壳。当网壳结构的曲面形式确定后,根据曲面结构的特性,支承的数目、位置、形式,杆件材料和节点形式等,便可确定网壳的构造形式和几何构成。其中重要的问题是曲面网格划分,进行网格划分时,一是要求杆件和节点的规格尽可能少,以便工业化生产和快速安装;二是要求结构为几何不变体系。

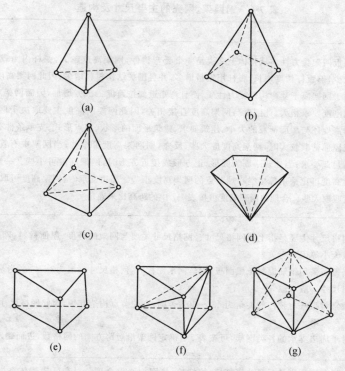

图 7-114　角锥单元图

不同的网格划分方法,将得到不同形式的网壳结构。网壳结构形式较多,可按不同方法分类,见表 7-5。

表 7-5　网壳的分类

项　目		内　容
按高斯曲率分类		按高斯曲率划分有零高斯曲率网壳、正高斯曲率网壳、负高斯曲率网壳。负高斯曲率的网壳又有双曲抛物面网壳、单块扭网壳等
按层数分类	单层网壳	(1)单层柱面网壳。 单层柱面网壳形式有单斜杆柱面网壳、双斜杆柱面网壳和三向网格型柱面网壳。 (2)单层球面网壳。 球面网壳的网格形状有正方形、梯形、菱形、三角形和六角形等。从受力性能考虑,最好选用三角形网格
	双层网壳	双层网壳是由两个同心或不同心的单层网壳通过斜腹杆连接而成的。 按照网壳曲面形成的方法,双层网壳又可分为双层柱面网壳和双层球面网壳,其结构形式可分为交叉桁架和角锥,角锥又包括三角锥、四角锥、六角锥,抽空的、不抽空的两大体系
	变厚度网壳	变厚度双层球面网壳的形式很多,常见的有从支承周边到顶部,网壳的厚度均匀地减少,大部分为单层,仅在支承区域内为双层

(2)钢网架、网壳的主要尺寸及构造。

钢网架、网壳的主要尺寸及构造,见表 7-6。

表 7-6　钢网架、网壳的主要尺寸及构造

项　目		内　容
网架的高度		平板网架受力性质从整体上来说是一个受弯构件,网架高度越大,弦杆内力就越小,弦杆用钢量随之减少,但腹杆长度增长,腹杆用钢量增多,并且围护结构材料增多,因此网架高度应适当。 　由于网架属于受弯构件受力性质,而且弯矩近似按跨度二次方增加,因而网架对沿跨度方向的网架空间刚度要求很大,此刚度与网架高度直接相关,因此网架的高度主要取决于网架的跨度。同时,网架的高度还与屋面荷载的大小、建筑要求、建筑平面的形状、节点形式、支承条件有关。 　当屋面荷载较大时,网架高度应大些;反之,则网架高度可小些;当网架中有管道穿行时,网架高度要满足此要求;当建筑平面为圆形、正方形或接近方形时,网架高度可小些。一般采用螺栓球节点的网架高度可比采用焊接空心球节点的网架高度小些。周边支承时,网架高度可取小些;点支承时,网架高度应取大些。合理的网架高度可按表 7-7 中的跨高比来确定
网格尺寸		网格尺寸主要是指上弦网格尺寸。网格尺寸主要与网架的跨度、屋面材料、网架的形式、网架高度、荷载大小等因素有关。 　当屋面采用钢筋混凝土屋面板、钢丝网水泥板时,网格尺寸一般为 2~4 m;当采用轻型屋面材料时,网格尺寸一般可取 3~6 m。 　通常斜腹杆与弦杆的夹角为 45°~60°,否则,会使节点构造麻烦,因此网格尺寸与网架高度应有合适的比例关系。 　对于周边支承的各类网架,可按表 7-7 确定网架沿短跨方向的网格数,进而确定网格尺寸
腹杆布置		腹杆布置原则是尽量使压杆短、拉杆长,使网架受力合理。对交叉桁架体系网架,腹杆倾角一般在40°~55°之间,角锥体系网架,斜腹杆的倾角宜采用 60°,可以使杆件标准化,便于制作。 　当网架跨度较大时,造成网格尺寸较大,上弦一般受压,需减小上弦长度,宜采用再分式腹杆
网架的杆件		网架常采用圆钢管、角钢、薄壁型钢作为杆件。圆钢管截面封闭,且各向同性、抗弯刚度各向都相同、回转半径大、抗扭刚度大,因此受力性能较好,承载力高。杆件优先选用圆钢管,且最好是薄壁钢管,但圆钢管的价格较高。因而对于中小跨度且荷载较小的网架,也可采用角钢或薄壁型钢。 　杆件的材料一般用 Q235 钢和 Q345 钢。Q345 钢强度高,塑性好,当荷载较大或跨度较大时,宜采用Q345 钢,可以减轻网架自重和节约钢材
网架的节点	钢板节点	当网架的杆件采用角钢或薄壁型钢时,应采用钢板节点。此种节点刚度大,整体性好,制作加工简单。当网架的杆件采用圆钢管时,采用钢板节点就不合理,不但节点构造复杂,而且不能充分发挥钢管的优越性能
	焊接空心球节点	焊接空心球节点是用两块圆钢板经热压或冷压成的两个半球,然后对焊成整体。为了加强球的强度和刚度,可先在一半球中加焊一加劲肋,因而焊接空心球节点又分为加肋与不加肋两种。 　焊接空心球节点适用于连接圆钢管,只要钢管沿垂直于本身轴线切断,杆件就能自然对准球心,且可与任意方向的杆件相连,它的适应性强,传力明确,造型美观。目前,网架多采用此种节点,但其焊接质量要求高,焊接量大,易产生焊接变形,并且要求杆件下料正确
	螺栓球节点	螺栓球节点是在实心钢球上钻出螺丝孔,然后用高强螺栓将汇交于节点处的焊有锥头或封板的圆钢管杆件连接而成。 　这种节点具有焊接空心球节点的优点,同时又不用焊接,能加快安装速度,缩短工期。但这种节点构造复杂,机械加工量大

表 7-7 钢网架的上弦网格数和跨高比

网架形式	钢筋混凝土屋面体系			钢檩条屋面体系
	网格数	跨高比	网格数	跨高比
正放抽空四角锥网架、两向正交正放网架、正放四角锥网架	$(2\sim4)+0.2L$	10～14	$(6\sim8)+0.07L$	$(13\sim17)+0.03L$
两向正交斜放网架、棋盘形四角锥网架、斜放四角锥网架、星形四角锥网架	$(6\sim8)+0.08L$			

注：1. L 为网架短向跨度，单位是米。

2. 当跨度在 18 m 以下时，网格数可适当减小。

(3)钢网架的支承方式、屋面材料与坡度的设置。

1)钢网架的支承方式。钢网架的支承方式，见表 7-8。

表 7-8 钢网架的支承方式

项 目	内 容
周边支承	这种支承方式，所有边界节点都支承在周边柱上时，虽柱子布置较多，但传力直接明确，网架受力均匀，适用于大、中跨度的网架；所有边界节点支承于梁上，这种支承方式，柱子数量较少，而且柱距布置灵活，从而便于建筑设计，且网架受力均匀，它一般适用于中、小跨度的网架。以上两种周边支承都不需要设边桁架
点支承	这种支承方式一般将网架支承在四个支点或多个支点上，柱子数量少，建筑平面布置灵活，建筑使用方便，特别适用于大柱距的厂房和仓库。为了减少网架跨中的内力或挠度，网架周边宜设置悬挑，而且建筑外形轻巧美观
周边支承与点支承结合	由于建筑平面布置以及使用的要求，有时要采用边点混合支承，或三边支承一边开口，或两边支承两边开口等情况。此时，开口边应设置边梁或边桁架梁

2)钢网架的支座节点。钢网架的支座节点的类型，见表 7-9。

表 7-9 钢网架的支座节点

项 目	内 容
平板压力支座节点	由于支座底板与支承面间的摩擦力较大，支座不能转动、移动，与计算假定中铰接假定不太相符，因此只适用于小跨度网架
单面弧形压力支座节点	由于支座底板和柱顶板之间加设一弧形钢板，支座可产生微量转动和移动，与铰接的计算假定较符合，这种支座节点适用于中、小跨度的网架
双面弧形压力支座节点	这种支座又称为摇摆支座，它是在支座底板与柱顶板间加设一块上下两面为弧形的铸钢块，因而支座可以沿钢块的上下两弧形面做一定的转动和侧移
球铰压力支座节点	这种支座节点是以一个凸出的实心半球嵌合在一个凹进半球内，在任意方向都能转动，不产生弯矩，并在 x、y、z 三个方向都不产生线位移，因而此种支座节点有利于抗震
板式橡胶支座节点	这种支座节点是在支座底板和柱顶板间加设一块板式橡胶支座垫板，它是由多层橡胶与薄钢板制成的。这种支座不仅可沿切向及法向移动，还可绕 N 向转动。其构造简单，造价较低，安装方便，适用于大、中跨度网架。通常考虑到网架在不同方向自由伸缩和转动约束的不同，一个网架可以采用多种支座节点形式

　　3)钢网架的屋面材料及构造。钢网架结构一般采用轻质、高强、保温、隔热、防水性能良好的屋面材料,以实现网架结构经济、省钢的优点。

　　由于选择的屋面材料不同,网架结构的屋面有无檩体系和有檩体系两种。

　　①无檩体系屋面。

　　当屋面材料选用钢丝网水泥板或预应力混凝土屋面板时,一般它们的尺寸较大,所需的支点间距较大,因而采用无檩体系屋面。通常,屋面板的尺寸与上弦网格尺寸相同,屋面板可直接放置在上弦网格节点的支托上,并且至少有三点与网架上弦节点的支托焊牢。此种做法即为无檩体系屋面。

　　②有檩体系屋面。

　　当屋面材料选用木板、水泥波形瓦、纤维水泥板或各种压型钢板时,此类屋面材料的支点距离较小,因而采用有檩体系屋面。

　　近年来,压型钢板作为新型屋面材料,得到较广泛的应用。由于这种屋面材料轻质高强、美观耐用,且可直接铺在檩条上,因而加工、安装已达标准化、工厂化,施工周期短,但价格较高。

　　4)屋面坡度。网架结构屋面的排水坡度较平缓,一般取 $1\% \sim 4\%$。屋面的坡度一般可采用的设置方法有:①上弦节点上加小立柱找坡;②网架变高;③整个网架起坡;④支承柱变高。

　　2.钢网架结构施工图构成要件

　　(1)螺栓节点球的网架施工图。

　　螺栓节点球的网架施工图主要包括螺栓节点球网架结构设计说明、螺栓节点球预埋件平面布置图、螺栓节点球网架平面布置图、螺栓节点球网架节点图、螺栓节点球网架内力图、螺栓节点球网架杆件布置图、螺栓节点球球节点安装详图及其他节点详图等。

　　(2)焊接节点球的网架施工图。

　　焊接节点球的网架施工图主要包括焊接节点球网架结构设计说明、焊接节点球预埋件平面布置图、焊接节点球网架平面布置图、焊接节点球网架节点图、焊接节点球网架内力图、焊接节点球网架杆件布置图等。

　　以上是网架结构设计制图阶段的图纸内容,对于施工详图阶段螺栓节点球网架结构的施工图,主要包括网架施工详图说明、网架找坡支托平面图、网架节点安装图、网架构件编号图、网架支座详图、网架支托详图、网架杆件详图、球详图、封板详图、锥头和螺栓机构详图以及网架零件图。焊接节点球网架的施工详图与螺栓节点球网架相比,没有封板详图、锥头和螺栓机构详图以及网架零件图,其他图纸内容只是结合构造差异进行相应的调整。

　　在设计过程中,设计人员往往根据工程的实际情况,对图纸内容和数量进行相应的调整(如网架内力图主要是为施工详图中设计节点提供依据的,如果设计图中已给出相应的详细节点,则可不必绘制此图),有时甚至将几个内容的图合并在一起绘制,但是不会超出前面所述及的内容,总的原则还是要将工程实际情况用图纸反映完整、准确、清晰。

　　(二)钢网架结构施工图识读方法

　　1.结构设计说明及其识读方法

　　钢网架结构设计说明的主要内容,见表7-10。设计说明中有些内容是适应于大多数工程的,为了提高识图的效率,要学会从中找到本工程所特有的信息和针对工程所提出的一些特殊要求。

表 7-10 钢网架结构设计说明的主要内容

项　目	内　容
工程概况	在识读工程概况时,关键要注意以下三点:一是"工程名称",了解工程的具体用途,从而便于一些信息的查阅,如工程的防火等级确定,就需要考虑到它的具体用途;二要注意"工程地点",许多设计参数的选取和施工组织设计的考虑都与工程地点有着紧密的联系;三是"网架结构荷载"
设计依据	设计依据列出的往往都是一些设计标准、规范、规程以及建设方的设计任务书等。对于这些内容,施工人员要注意两点:一是要注意其中的地方标准或行业标准,这些内容往往有一定的特殊性;二是要注意与施工有关的标准和规范。此外,施工人员也应该了解建设方的设计任务书
网架结构设计和计算	主要介绍了设计所采用的软件程序和一些设计原理及设计参数
材料	主要对网架中各杆件和零件的材性提出了要求
制作	钢结构工程的施工主要包括构件和零件的加工制作(在加工厂完成),以及现场的安装、拼装两个阶段,网架工程也不例外。从设计的角度主要对网架杆件、螺栓球以及其他零件的加工制作提出了要求。不管是负责现场安装的施工人员,还是加工人员,都要以此来判断加工好的构件是否合格,因此要重点阅读
安装	由于钢结构工程的特殊性,其施工阶段与使用阶段的受力情况有较大差异,因此设计人员往往会提出相应的施工方案
验收	主要提出了对工程的验收标准。虽然验收是安装完以后才做的事情,但对于施工人员来讲,应在加工安装之前就要熟悉验收的标准,只有这样才能确保工程的质量
表面处理	钢结构的防腐和防火是钢结构施工的两个重要环节。主要从设计角度出发,对结构的防腐和防火提出了要求,这也是施工人员要特别注意的,尤其是当本条款数值不按标准中底限取值时,施工中必须满足本条款的要求
主要计算结果	施工人员在识读内容时应特别注意,给出的值均为使用阶段的,也就是说当使用荷载全部加上后产生的结果。在安装施工时要避免单根构件的受力超过此最大值,以免安装过程中造成杆件的损坏;另外,施工过程中还要控制好结构整体的挠度

2.钢网架平面布置图识读方法

(1)钢网架平面布置图主要是用来对网架的主要构件(支座、节点球、杆件)进行定位的,一般还配合纵、横两个方向剖面图共同表达。

(2)节点球的定位主要还是通过两个方向的剖面图控制的。

3.钢网架安装图识读方法

(1)节点球的编号一般用大写英文字母开头,后边跟一个阿拉伯数字,标注在节点球内。图中节点球的编号有几种大写字母开头,表明有几种球径的球,即开头字母不同的球的直径是不同的;即使直径相同的球,由于所处位置不同,球上开孔数量和位置也不尽相同,因此在字母后边用数字来表示不同的编号。

(2)杆件的编号一般采用阿拉伯数字开头,后边跟一个大写英文字母或什么都不跟,标注在杆件的上方或左侧。图中杆件的编号有几种数字开头,表明有几种横断面不同的杆件;另外,由于同种断面尺寸的杆件其长度未必相同,因此在数字后加上字母以区别杆件的不同类型。由此就可以得知图中杆件的类型数、每个类型杆件的具体数量,以及它们分别位于何位置。

4.球加工图识读方法

球加工图主要表达各种类型的螺栓球的开孔要求,以及各孔的螺栓直径等。由于螺栓球是一个立体造型复杂、开孔位置多样化的构件,因此在绘制时,往往选择能够尽量多地反映开孔情况的球面进行投影绘制,然后将图上绘制出来的各孔孔径中心之间的角度标注出来。图名以构件编号命名,还应注明该球总共的开孔数、球直径和该编号球的数量。

对于从事网架安装的施工人员来讲,该图纸的作用主要是用来校核由加工厂运来的螺栓球的编号是否与图纸一致,以免在安装过程中出现错误、重新返工。这个问题尤其在高空散装法的初期要特别注意。

5.支座详图与支托详图的识读方法

支座详图和支托详图都是表达局部辅助构件的大样详图,虽然两张图表达的是两个不同的构件,但从制图或者识图的角度来讲是相同的。这种图的识读顺序如下:一般情况下,先看整个构件的立面图,掌握组成这个构件的各零件的相对位置关系,如在支座详图中,通过立面可以知道螺栓球、十字板和底板之间的相对位置关系;然后,根据立面图中的断面符号找到相应的断面图,进一步明确各零件之间在平面上的位置关系和连接做法;最后,根据立面图中的板件编号(带圆圈的数字)查明组成这一构件的每一种板件的具体尺寸和形状。另外,还需要仔细阅读图纸中的说明,可以进一步帮助大家更好地明确该详图。

6.材料表及其识读方法

材料表把该网架工程中所涉及的所有构件的详细情况进行了分类汇总。该图可以作为材料采购、工程量计算的一个重要依据。此外,在识读其他图纸时,如有参数标注不全的情况,也可以结合本张图纸来校验或查询。其识读过程如图 7-115 所示。

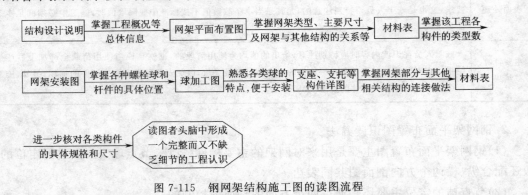

图 7-115　钢网架结构施工图的读图流程

第三节　钢框架结构施工图识读

一、应用实例

(一)钢框架的形式实例

实例 1　横向框架的形式

1.横梁与柱刚接实例

横梁与柱刚接的框架,如图 7-116 所示。

2.横梁与柱铰接实例

横梁与柱铰接的框架,如图 7-117 所示。

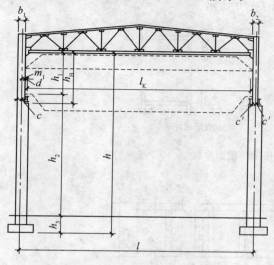

图 7-116　横梁与柱刚接的框架

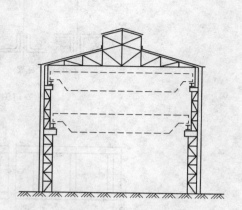

图 7-117　横梁与柱刚接的框架

实例 2　框架柱的形式

框架柱的形式,如图 7-118 所示。

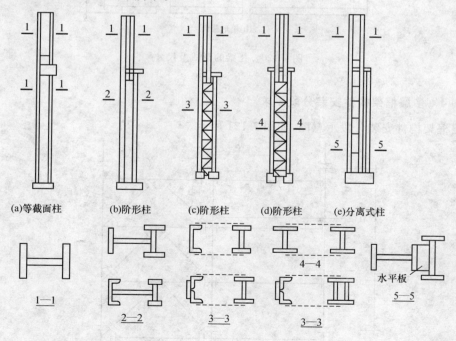

图 7-118　框架柱的形式

实例3　托架与托梁的截面形式

托架与托梁的截面形式,如图7-119和图7-120所示。

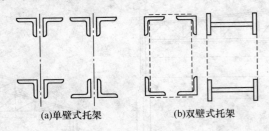

(a)单壁式托架　　　(b)双壁式托架

图7-119　托架的截面形式

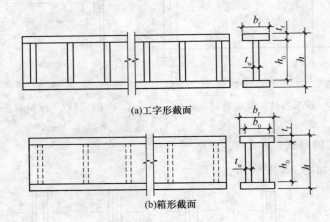

(a)工字形截面

(b)箱形截面

图7-120　托梁的形式及尺寸

实例4　多层框架构件安装分段要求

多层框架构件安装分段示意图,如图7-121所示。

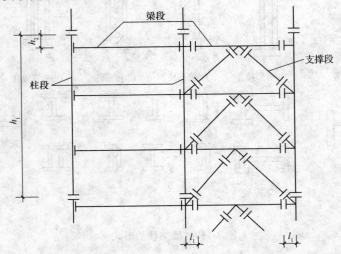

图7-121　多层框架构件安装分段示意图

实例 5　柱间支撑的形式

柱间支撑的形式，如图 7-122 至图 7-125 所示。

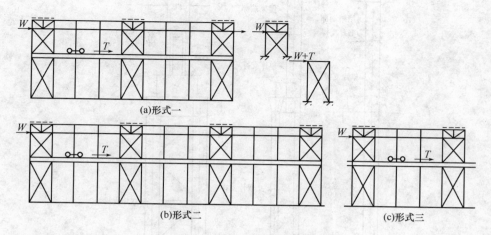

图 7-122　柱间支撑的布置

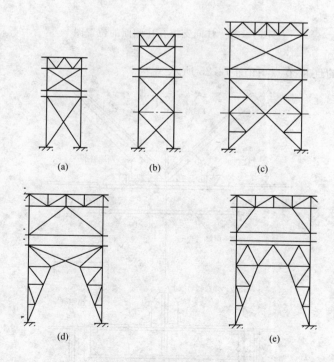

图 7-123　柱间支撑的形式

柱间支撑在柱侧面的位置,如图 7-124 所示。

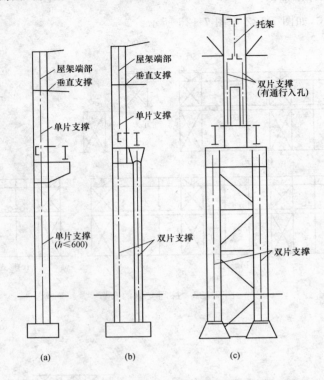

图 7-124　柱间支撑在柱侧面的位置图

上部柱间支撑的连接节点,如图 7-125 所示。

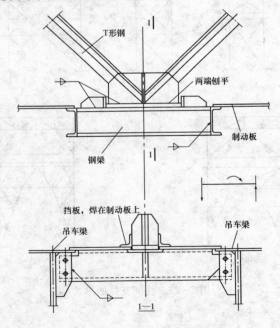

图 7-125　上部柱间支撑的连接节点

下部柱间支撑的连接节点,如图 7-126 所示。

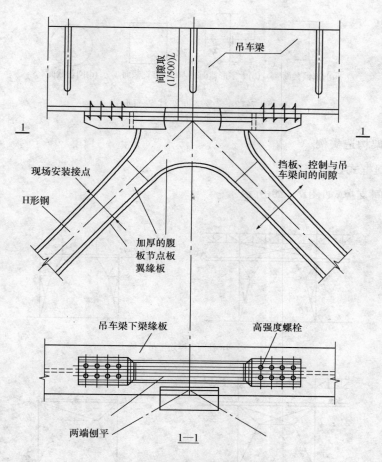

图 7-126　下部柱间支撑的连接节点施工图

实例 6　多层框架的截面形式

1. 梁截面形式实例

多层框架梁截面形式,如图 7-127 所示。

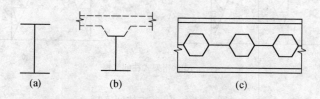

图 7-127　多层框架梁截面形式

2. 柱截面形式实例

多层框架柱截面形式,如图 7-128 所示。

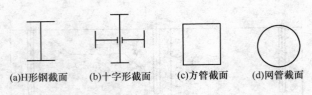

(a)H形钢截面　　(b)十字形截面　　(c)方管截面　　(d)网管截面

图 7-128　多层框架柱截面形式

（二）钢框架构造实例

实例 7　门框式柱间支撑

门框式柱间支撑，如图 7-129 所示。

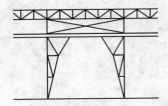 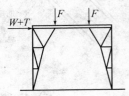

(a)柱间支撑连于吊车梁上

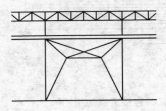 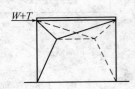

(b)含柔性杆的柱间支撑

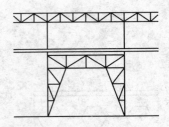 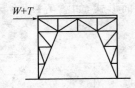

(c)木桁架式柱间支撑

图 7-129　门框式柱间支撑

实例 8　托架与拖梁的连接构造

托架与拖梁的连接构造，如图 7-130 至图 7-133 所示。

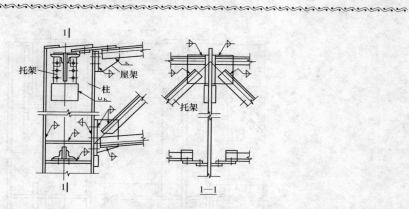

图 7-130 托架、屋架与钢柱的连接

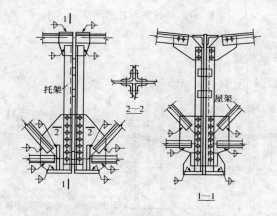

图 7-131 托架与屋架的铰接连接

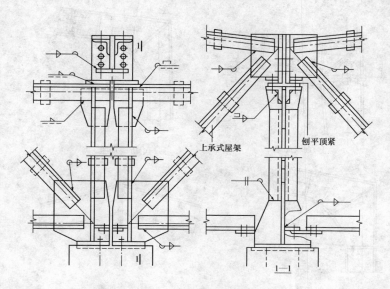

图 7-132 托架与柱的叠接

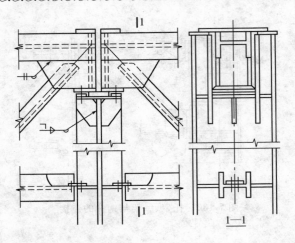

图 7-133　托架与柱的平接

实例 9　梁、柱加腋节点构造

梁柱加腋节点构造,如图 7-134、图 7-135 所示。

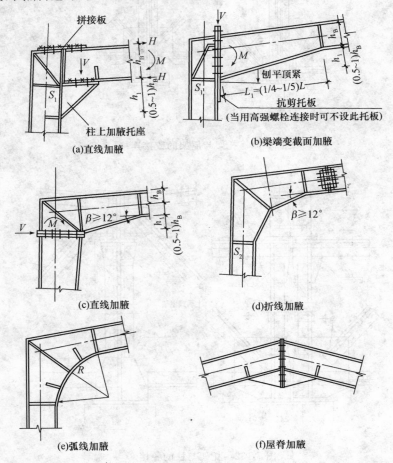

图 7-134　梁柱加腋构造

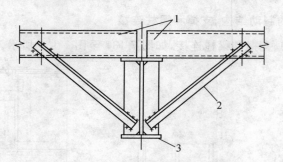

图 7-135 横梁、柱隅撑构造
1—檩条；2—隅撑；3—刚架横梁或柱

实例 10 柱间支撑与柱的连接

柱间支撑与柱的连接，如图 7-136 所示。

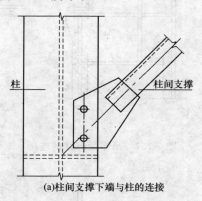

(a)柱间支撑下端与柱的连接

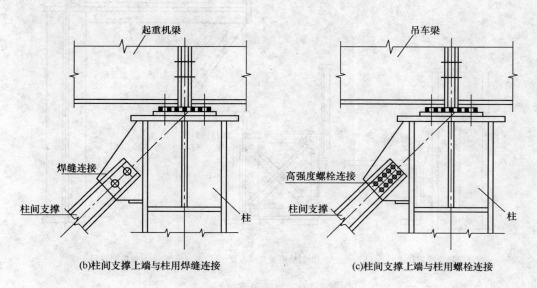

(b)柱间支撑上端与柱用焊缝连接   (c)柱间支撑上端与柱用螺栓连接

图 7-136 柱间支撑与柱的连接

实例 11　吊车梁的制动结构、支撑和梁柱连接

吊车梁的制动结构、支撑和梁柱连接,如图 7-137 至图 7-139 所示。

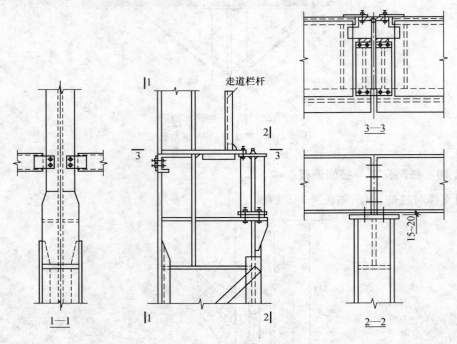

图 7-137　吊车梁与柱的连接

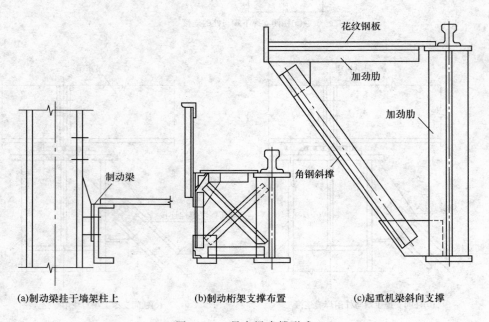

　　(a)制动梁挂于墙架柱上　　　　(b)制动桁架支撑布置　　　　(c)起重机梁斜向支撑

图 7-138　吊车梁支撑形式

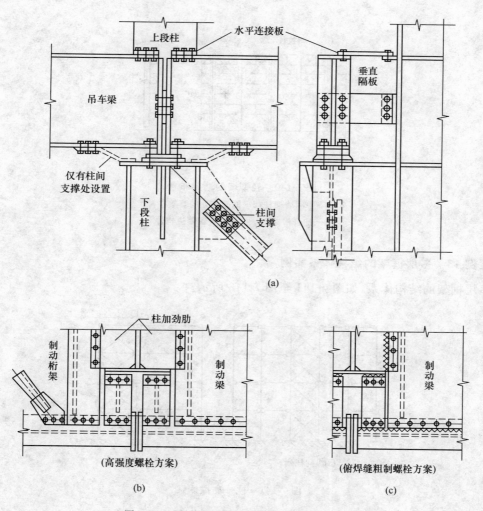

图 7-139 吊车梁、制动结构和柱的相互连接

实例 12 轻型墙的墙架布置

轻型墙的墙架布置,如图 7-140 所示。

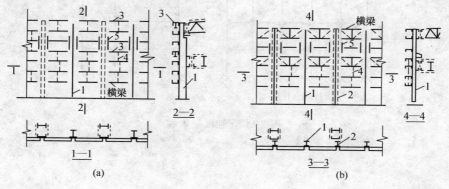

图 7-140

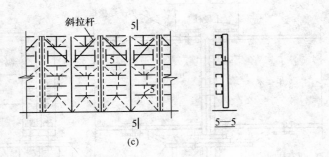

图 7-140　轻型墙的墙架布置

1—中间墙架柱；2—框架柱处的墙架柱；

3—加强横梁；4—拉条；5—窗镶边构件

实例 13　多层框架的结构体系实例

多层框架的结构体系，如图 7-141 至图 7-143 所示。

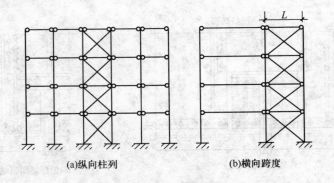

(a)纵向柱列　　　　　　(b)横向跨度

图 7-141　柱—支撑体系

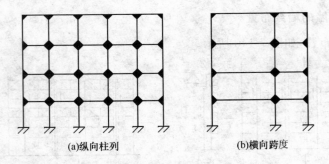

(a)纵向柱列　　　　　　(b)横向跨度

图 7-142　纯框架体系

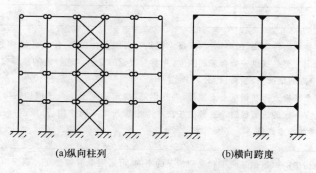

(a)纵向柱列　　　　　(b)横向跨度

图 7-143　框架—支撑体系

二、基础知识

(一)钢框架结构施工图表达内容

1. 钢框架结构的基础知识

(1)钢框架的主要组成构件。

钢框架结构的主要组成构件,见表 7-11。此外,由于钢结构本身自重小的特点,结构体系的水平位移往往较大,为控制其水平位移或其整体刚度,有时还需加设支撑,如图 7-144 所示。

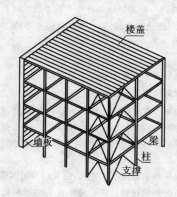

图 7-144　钢框架结构的构件组成

表 7-11　钢框架的主要组成构件

项　　目	内　　容
楼板	在钢筋混凝土结构中,楼板材料往往都选择钢筋混凝土材料。但在钢结构中,由于楼板下方的支撑构件变成了钢梁,因此可以用来做楼板的材料也多样化了,可以选择钢平板、压型钢板组合楼板、钢筋混凝土板或者密肋 OSB 板等,往往根据建筑的需求和结构尺寸的布置来选择合适的做法。 　　钢平板厚度一般在 10 mm 以下,但刚度较小,因此一般只用于工业建筑中的操作平台。 　　压型钢板组合楼板是目前多高层钢框架结构楼板的最常用的一种做法。它主要由压型钢板、抗剪栓钉和钢筋混凝土板三部分共同组成。压型钢板在施工阶段承担其上方的所有施工荷载,并兼起模板的作用,在使用阶段与混凝土板共同承重。

续上表

项　目	内　容
楼板	栓钉主要是用来将钢梁、压型钢板、混凝土楼板三者组合在一起,使三者能够更好地共同受力。钢筋混凝土板的作用主要是提供一个合理的刚度,并参与楼板的受力。这种板的总厚度往往较大,在 120 mm 左右,在保证净高的情况下,层高较大。 　钢筋混凝土楼板直接在钢梁上支模板,绑扎钢筋,浇筑混凝土。为了增加钢梁与混凝土板之间的联系,需在钢梁上焊一定的抗剪栓钉。这种做法往往考虑板与梁共同作用,形成钢-混凝土组合梁,从而减小钢梁的截面,增加净空高度
梁	钢框架结构中的梁根据其跨度和受荷情况的不同,可采用型钢截面或者钢板组合截面,分别称为型钢梁和钢板组合梁。一般情况下对于跨度较小的次梁常选择型钢截面的梁,如 H 形钢;对于跨度较大或受荷较大的主梁,往往选择钢板组合梁,如焊接 H 形截面、箱形截面等
柱子	钢框架结构中的柱子,根据受力情况不同可分为轴心受压柱和偏心受压柱(或称压弯柱子)两类。柱子常选用的截面主要有轧制型钢截面柱、焊接型钢截面柱和格构式组合截面柱。对于荷载较小的柱子一般选择轧制型钢截面柱和焊接型钢截面柱,轧制型钢截面柱主要选择宽翼缘 H 形钢柱(因为此截面的利用更充分一些),焊接型钢截面柱一般也制作成 H 形截面或者箱形截面、圆管截面等。对于荷载较大的柱子可以选择格构式截面(工业建筑常用),或者钢骨混凝土、钢管混凝土柱等截面(高层民用建筑的底层柱子常用)
围护墙体	钢框架结构的围护墙体与钢筋混凝土框架结构的墙体一样,不承担竖向荷载的填充墙,但是要考虑到不影响整体结构的自重,因此常用一些轻质墙体作为钢框架结构围护墙体。目前,墙体的常用做法有蒸压加气混凝土板(ALC板)、空心混凝土砌块、轻钢龙骨板材隔墙等,其中空心混凝土砌块主要用于外墙的施工,而 ALC 板和轻钢龙骨隔墙主要用于内墙
支撑系统	钢框架结构的支撑系统包括水平支撑和竖向支撑两类。楼盖水平刚度不足时往往布置水平支撑,水平支撑又可分为纵向水平支撑和横向水平支撑。 　竖向支撑包括中心支撑和偏心支撑两类。竖向支撑可在建筑物纵向的一部分柱间布置,也可在横向或纵横两向布置;在平面上可沿外墙布置,也可沿内墙布置。柱间支撑多采用中心支撑,常用的支撑形式有十字交叉斜杆、单斜杆、人字形斜杆、K 形斜杆和跨层跨柱设置的支撑等
楼梯	钢框架结构中的楼梯可以采用钢筋混凝土楼梯,也可以采用钢楼梯。钢筋混凝土楼梯在此无需多讲,主要来说一下钢楼梯的构造。采用钢楼梯只能形成梁板式楼梯的构造做法,即花纹钢板的踏步板与两侧钢制梯斜梁连接,梯斜梁再与上下的平台梁连接,最后由平台梁将上述构件荷载传给柱子
基础	钢框架结构的基础仍然采用钢筋混凝土基础,与钢筋混凝土结构完全一样,此处不再详述

　(2)钢框架的主要节点构造。

　节点是指钢框架结构中构件与构件的连接做法,主要包括主次梁节点、梁柱节点和柱脚节点三大类。节点做法直接关系着整个建筑物的安全与否,它的重要性不言而喻。

　1)主次梁的连接。

　根据主次梁节点受力特点不同,主次梁的连接可分为刚接和铰接两类。次梁为简支梁时,与主梁为铰接连接;次梁为连续梁时,与主梁为刚接连接。

　主次梁的连接有平接和叠接两种形式。

　平接是次梁从侧向与主梁的加劲肋或腹板上专设的短角钢或支托相连接,平接构造较复杂,但建筑净高大,在实际工程中应用得较多。

叠接是将次梁直接搁在主梁上,用螺栓或焊接连接,构造简单,但建筑净高偏小。

次梁传给主梁的支座压力就是梁的剪力,而梁剪力主要由腹板承担。次梁的腹板通过角钢连于主梁腹板上,或连接在与主梁腹板垂直的加劲肋或支托板上。

对于刚接连接,则需传递支座弯矩。若次梁本身是连续的,则不必计算;如果次梁是断开的,支座弯矩通过次梁的上翼缘盖板焊缝、下翼缘支托顶板传递。连接盖板的截面及其焊缝承受水平力偶,支托顶板与主梁腹板的连接焊缝承受水平力。

2)梁与柱的连接。

①按连接转动刚度的不同,分为刚性连接、柔性连接、半刚性连接。

②梁与柱的连接形式,见表 7-12。

表 7-12　梁与柱的连接形式

项　目	内　容
完全焊接	完全焊接,梁翼缘与柱翼缘间采用全熔透坡口焊缝,并按规定设置衬板。由于框架梁端垂直于工字形柱腹板,柱在梁翼缘对应位置设置横向加劲肋,要求加劲肋厚度不应小于梁翼缘厚度
完全栓接	完全栓接,所有的螺栓都采用高强摩擦型螺栓连接;当梁翼缘提供的塑性截面模量小于梁全截面塑性截面模量的 70% 时,梁腹板与柱的连接螺栓不得少于两列;即便计算只需一列时,仍应布置两列,且此时螺栓总数不得小于计算值的 1.5 倍
栓焊混合连接	栓焊连接,认为是半刚接,连接钢板足够厚时作为刚接,支托传递剪力
采用角钢和端板的柔性连接	采用角钢和端板的柔性连接,它们的共同特点是将连接角钢或端板偏上放置,这样做的好处是:由于上翼缘处变形较小,对梁上楼板影响较小
半刚性连接	半刚性连接,竖向荷载下可看做梁简支于柱,水平荷载下起刚性节点作用,适于层数不多或水平力不大的建筑,半刚性连接必须有抵抗弯矩的能力,但无需像刚性连接那么大

3)柱脚节点。柱脚的主要作用是将柱子的压力传给基础,并和基础牢固的连接。柱脚与基础连接分铰接和刚接两类,轴心受压柱一般用铰接,偏心受压柱一般用刚接。

2.钢框架结构施工图构成要件

通常情况下,一套完整的钢框架结构施工图包括结构设计说明、基础平面布置图及其详图、柱子平面布置图、各层结构平面布置图、各横轴竖向支撑立面布置图、各纵轴竖向支撑立面布置图、梁柱截面选用表、梁柱节点详图、梁节点详图、柱脚节点详图和支撑节点详图等。

在实际工程中,以上图纸内容可以根据工程的繁简程度,将某几项内容合并在一张图纸上或将某一项内容拆分成几张图纸。

在高层钢框架结构施工图中,由于其柱子往往采用组合柱子,构造较为复杂,所以需要单独出一张"柱子设计图"用来表达其详细的构造做法。对于高层钢框架结构,若有结构转换层,还需将结构转换层的信息用图纸表达清楚。

另外,在钢框架结构的施工详图中,往往还需要有各层梁构件的详图、各种支撑的构件详图、各种柱的构件详图以及某些构件的现场拼装图等。

(二)钢框架结构施工图识读方法

1.结构设计说明

钢框架结构的结构设计说明,往往根据工程的繁简情况不同,说明中所列的条文也不尽相同。工程较为简单时,结构设计说明的内容也比较简单,但是工程结构设计说明中所列条文都是钢框架结构工程中所必须涉及的内容。主要包括：设计依据，设计荷载，材料要求，构件制作、运输、安装要求，施工验收，图中相关图例的规定，主要构件材料表等。

　　2.底层柱子平面布置图识读方法

　　柱子平面布置图是反映结构柱在建筑平面中的位置，用粗实线反映柱子的截面形式，根据柱子断面尺寸的不同，给柱子进行不同的编号，并且标出柱子断面中心线与轴线的关系尺寸，给柱子定位。对于柱截面中板件尺寸的选用，一般另外用列表方式表示。

　　在读图时，首先明确图中一共有几种类型的柱子，每一种类型的柱子的截面形式如何，各有多少个。

　　3.结构平面布置图识读方法

　　结构平面布置图是确定建筑物各构件在建筑平面上的位置图，具体绘制内容主要有：

　　(1)根据建筑物的宽度和长度，绘出柱网平面图；

　　(2)用粗实线绘出建筑物的外轮廓线及柱的位置和截面示意；

　　(3)用粗实线绘出梁及各构件的平面位置，并标注构件定位尺寸；

　　(4)在平面图的适当位置处标注所需的剖面，以反映结构楼板、梁等不同构件的竖向标高关系；

　　(5)在平面图上对梁构件编号；

　　(6)表示出楼梯间、结构留洞等的位置。

　　对于结构平面布置图的绘制数量，与确定绘制建筑平面图的数量原则相似，只要各层结构平面布置相同，可以只画某一层的平面布置图来表达相同各层的结构平面布置图。

　　结构平面布置图详细识读的步骤，见表 7-13。

表 7-13　结构平面布置图详细识读的步骤

项　目	内　容
明确本层梁的信息	结构平面布置图是在柱网平面上绘制出来的，而在识读结构平面布置图之前，已经识读了柱子平面布置图，所以在此图上的识读重点就首先落到了梁上。这里提到的梁的信息主要包括梁的类型数、各类梁的截面形式、梁的跨度、梁的标高以及梁柱的连接形式等信息
掌握其他构件的布置情况	其他构件主要是指梁之间的水平支撑、隔撑以及楼板层的布置。水平支撑和隔撑并不是所有的工程中都有，如果有，在结构平面布置图中一起表示出来；楼板层的布置主要是指当采用钢筋混凝土楼板时，应将钢筋的布置方案在平面图中表示出来，或者将板的布置方案单列一张图纸
查找图中的洞口位置	楼板层中的洞口主要包括楼梯间和配合设备管道安装的洞口，在平面图中主要明确它们的位置和尺寸大小
屋面檩条平面布置图	屋面檩条平面布置图主要表达檩条的平面布置位置、檩条的间距以及檩条的标高。在识读时可以参考轻钢门式刚架的屋面檩条图的识读方法，阅读其要表达的信息
楼梯施工详图	对于楼梯施工图，首先要弄清楚各构件之间的位置关系，其次要明确各构件之间的连接问题。对于钢结构楼梯，往往做成梁板式楼梯，因此它的主要构件有踏步板、梯斜梁、平台梁、平台柱等。 　　楼梯施工图主要包括楼梯平面布置图、楼梯剖面图、平台梁与梯斜梁的连接详图、踏步板详图、平台梁与平台柱的连接详图、楼梯底部基础详图等。 　　对于楼梯图的识读步骤一般为：先读楼梯平面图，掌握楼梯的具体位置和楼梯的具体平面尺寸；再读楼梯剖面图，掌握楼梯在竖向上的尺寸关系和楼梯本身的构造形式及结构组成；最后阅读钢楼梯的节点详图，从而掌握组成楼梯的各构件之间的连接做法

续上表

项 目	内 容
节点详图	节点详图在设计阶段应表示清楚各构件间的相互连接关系及其构造特点,节点上应标明整个结构物的相关位置,即应标出轴线编号、相关尺寸、主要控制标高、构件编号和截面规格、节点板厚度及加劲肋做法。构件与节点板采用焊接连接时,应标明焊脚尺寸及焊缝符号。构件采用螺栓连接时,应标明螺栓的型号、螺栓直径、数量。 　　图纸共有两张节点详图,绝大多数的节点详图是用来表达梁与梁之间各种连接、梁与柱子的各种连接和柱脚的各种做法。往往采用2~3个投影方向的断面图来表达节点的构造做法。对于节点详图的识读,首先要判断清楚该详图对应于整体结构的什么位置(可以利用定位轴线或索引符号等),其次判断该连接的连接特点(即两构件之间在何处连接,是铰接连接还是刚接等),最后才是识读图上的标注

对于钢框架施工图的识读,可以按照如下流程进行(图 7-145),这样对整个工程从整体到细节都能有一个清晰的认识。

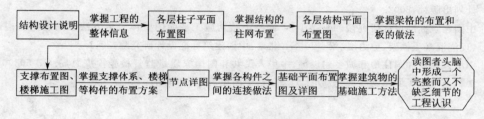

图 7-145　钢框架结构施工图的读图流程

参 考 文 献

[1] 中华人民共和国住房和城乡建设部,中华人民共和国国家质量监督检验检疫总局. GB 50202—2002 建筑地基基础工程施工质量验收规范[S]. 北京:中国计划出版社,2002.

[2] 中华人民共和国住房和城乡建设部,中华人民共和国国家质量监督检验检疫总局. GB 50017—2003 钢结构设计规范[S]. 北京:中国计划出版社,2003.

[3] 中华人民共和国住房和城乡建设部. GB/T 50105—2010 建筑结构制图标准[S]. 北京:中国建筑工业出版社,2010.

[4] 沈祖炎. 钢结构学[M]. 北京:中国建筑工业出版社,2004.

[5] 中华人民共和国住房和城乡建设部. GB 50205—2001 钢结构工程施工质量验收规范[S]. 北京:中国计划出版社,2002.

[6] 中国建筑标准设计研究院. 11G101—1 混凝土结构施工平面图整体表示方法制图规则和构造详图(现浇混凝土框架、剪力墙、梁、板)[S]. 北京:中国建筑标准设计研究院,2011.

[7] 中华人民共和国住房和城乡建设部,中华人民共和国国家质量监督检验检疫总局. GB 50300—2001 建筑工程施工质量验收统一标准[S]. 北京:中国建筑工业出版社,2001.